# ゲームに人生を捧げた男たち

Men who dedicated their lives to GAME

GAME

standards

# はじめに

本書はゲームに深く関わる8人のキーパーソンを迎え、お話を伺ったインタビュー集である。彼らの多くはクリエイターとしてビデオゲームの開発に携わっているが、中にはそれ以外の立場で関わっている人もいる。ゲームの定義を広く捉えたうえで、ボードゲームやＡＩなど、ゲームの周辺まで広く扱っているのが特徴だ。

これらのインタビューは、主に筆者が主宰しているゲーム系電子書籍『ＶＥ』で行ったものである。２０２０年現在、『ＶＥ』はＶｏｌ.３まで刊行されているが、本書はその中から６人のインタビューを収録した。さらにそこに加え、新たに２人に取材し、記事を掲載している。

『ＶＥ』は、筆者が興味を持つビデオゲーム全般と、ライトノベルなどのエンタメについて取り上げている電子書籍である。インタビュー記事は『ＶＥ』のメインコンテンツとなっており、基本的に筆者が興味を持ったゲーム関係者に取材を申し込んでいる。

そのため本書のインタビュー内容は、個別に見ればかなり狭く深い。対談に近いスタイルになっているときもあり、筆者とインタビュー相手の個人的な経歴に話が及んでいるところもある。しかしだからこそ、本書のインタビューは単なる一般論にはとどまらない。インタビュー相手の思考や信条にまで踏み込んだ内容になっていると思う。

このインタビューでは、ゲーム業界やゲーム文化の、かなりディープな部分を掘り下げている。そのため業界用語やゲームマニアならではの用語が、頻繁に飛び交うところがある。できるだけ噛み砕き、その方面に疎い読者にも分かりやすくしたつもりだが、それでも理解しにくい部分があるかもしれない。そこはある程度読み流してもらって、雰囲気だけつかんでもらえればいいと思う。

それではもう少し具体的に、本書の内容について説明していこう。筆者は１９８０～90年代にアーケードゲーム専門誌『ゲーメスト』で編集長を務め、当時から多くのゲーム開発者や関係者にインタビュー取材をしてきた。筆者の専門はビデオゲーム黎明期からのアーケードゲームであり、本書でも80～90年代にアーケードゲームの開発に関わったクリエイターを取り上げている。

昔ながらのアーケードゲームは、操作の上手さがゲームの結果に直結する、いわゆるアクションゲームが大半である。しかし筆者はアクション性がほとんどない、テキストを読むタイプのアドベンチャーゲームも大好物だ。

２０１８年に刊行した『ＶＥ』Ｖｏｌ.２は、そんな筆者の嗜好を反映し、アドベンチャーゲームの特集号になった。この『ＶＥ』Ｖｏｌ.２号からは、ゲームのシナリオに関わるクリエイターのインタビューを抜粋している。

ビデオゲームは開発者とユーザー以外にも、様々な人が関わる産業だ。『ＶＥ』では毎号、レトロゲームが遊べる希少なロケーション（ゲームセンター）を紹介してきた。本書はそのコーナーから、ゲームセンターの店長へのインタビューを収録する。加えてレトロゲームを復刻する事業を担う方にもお話を聞いているので、興味がある方は一読してほしい。

筆者は古いゲームだけでなく、最新のビデオゲームの動向についても興味がある。昨今注目されている技術にＡＩ（人工知能）があるが、直近の未来、ゲームを大きく変える技術があるとしたら、このＡＩに他ならないと筆者は考えている。そこで筆者は、『ＶＥ』Ｖｏｌ.３において特集テーマを〝ゲームとＡＩ〟に決め、取材を行った。本書はそこから、２人のインタビューを抜粋している。

〝ゲームとＡＩ〟の特集で、取材したうちの１人は将棋棋士の方である。なぜビデオゲームと直接関係のない棋士を選んだのか、疑問に思う方もいるかもしれない。

しかしそれには、筆者なりの意味がある。棋士と将棋ＡＩの関係は、ゲームプレイヤーとＡＩの、未来の関係を象徴しているように思うからだ。当該インタビューをじっくり読んでもらえれば、そこは納得していただけるであろうと筆者は思う。

本書では8人のインタビューを、内容ごとに四つの章に分けて収録した。わかりやすさを重視するためにこの構成にしたが、そこに特別な流れがあるわけではない。読者の好きな順番で、気の向くまま読んでもらえればと思う。

# 目次

## 第三章　ゲームの中で物語を紡ぐ男たち

# 第一章

# アーケードゲームを支えた男たち

この章では、かつて1980〜90年代にアーケードゲームの開発者、プロデューサーとして活躍した2人のインタビューを紹介する。

最初に紹介する岡本吉起氏は、長年カプコンでゲーム開発に関わり、『ストリートファイターII』(1991年)を世に送り出すなど、数々の成果を残している。近年はソーシャルゲームの『モンスターストライク』に携わり、その健在ぶりをアピールした。今回の岡本氏のインタビューは、2017年に発売された電子書籍、『VE』Vol.1で取材したものである。

次に紹介する足立靖氏は、SNK在籍時代に人気ゲーム『サムライスピリッツ』の開発を行った人物である。これは本書の企画が決まってから行った、新規のインタビューとなる。

その昔、アーケードでビデオゲームのフロンティアを開拓した先人たちが、何を考え、どんなものを手にしてきたのか。その過去の記録と今の生き様を、ここで明らかにする。

## Chapter One
## Arcade Game

# 岡本吉起

YOSHIKI OKAMOTO

"人を見てこいつはすごいって分かれば、そいつに全部任せちゃうんですよ。だから自分で指導はしない。中途半端な子は指導しますよ、こうやって作るんだよって。でもすごいやつは、もう手を入れない、手を入れると崩れるから。"

岡本氏は80年代のカプコン草創期から、対戦格闘ゲーム『ストリートファイターII』がブームを巻き起こす頃まで、カプコンのリリースするアーケードゲームに大きく関わっていた。筆者は当時アーケードゲーム専門誌〝ゲーメスト〟の編集長をしていたので、大阪のカプコン本社に伺って何度もお話をさせていただいたものである。

岡本氏は90年代後半にアーケードからコンシューマー(家庭用ゲーム)に移り、その後カプコンを退社してゲームリパブリックを立ち上げた。岡本氏とは2000年以降、仕事においてはかなり距離が離れてしまったが、その動向はずっと気になっていた。近年岡本氏が開発者のひとりとして携わった『モンスターストライク』がヒットし、注目を集めたことは周知のことと思う。

ソーシャルゲームが世に出てきたとき、旧来のゲーム開発者の考えるゲーム像とは大きな隔たりがあった。ソーシャルゲームの作り手からは「ゲーム畑の人間はソーシャルを作っても成功しない」などとよく言われたものである。ゲーム畑の人たちは、逆に「ソーシャルなんてゲームじゃない」という感覚を持つ人も多く、両者は本格的に交わってこなかった。

しかし岡本氏が携わった『モンスターストライク』が世に出たあたりを契機に、ソーシャルゲームを取り巻く状況は大きな変貌を見せている。岡本氏は80年代からゲーム開発の先頭に立ち、ソーシャルゲームの渦中に飛び込んだ稀有な人物である。

**今回その岡本氏から、個人的にとても興味深いお話を聞くことができた。その価値ある内容は、より多くの人にシェアすべきものと思う。ゲーム業界に多少なりとも関わった人たちにとっては、なんらかの示唆になるのではないか。またコアなゲーム好きの人たちは、マニアックな視点から楽しんでもらえればと思う。**

**石井**　岡本さんには二十年ぶりくらいにお会いします。岡本さんはアーケードゲーム、家庭用ゲームに関わってからソーシャルゲームを作ったわけですが、実際に作ってみてどのように思われましたか。

**岡本**　すごく難しいですよ。こんな話を聞いたことがないですか。「ゲーム屋さんは、アプリではヒット作を作れませんよ」というのを。

**石井**　聞いたことがありますね。

**内山（本誌編集者・スタンダーズ編集部）**　いきなり『モンスターストライク』（通称モンスト）について聞いてもいいのですが、できれば岡本さんのゲーム業界に入ってからの経歴からお聞きしたいです。

**石井**　そうですね。今は『モンスターストライク』の一開発者として有名ですが、昔のゲーマーにとっては、カプコンのプロデューサーとしてのイメージがあると思いますので。

## 80年代前半からゲーム開発を始める

**石井** 岡本さんは、当初コナミでゲームを作られていたんですよね。

**岡本** コナミで最初に関わったのは『タイムパイロット』(1982年)ですね。デザインの専門学校からイラストレーターとしてコナミに採用され、企画課に入れられて、ゲームのプランナーになっていくんですけど。

**石井** 『タイムパイロット』の時点で、プランナーとしてやっておられたんですか。

**岡本** プランナーとデザイナーとデバッガーとイラストレーターを兼業で。当時は4人くらいで作っていました。

**内山** 4人でチーム全員ですか。

**岡本** そうです。

**石井** そんなもんですよね、80年代のゲーム作りの環境は。

**岡本** 最初の頃の、ソーシャルみたいなもんですよ。

**石井** 僕はあの頃、ゲーセンで『タイムパイロット』をやっていました。弾を振りまきながら、なんとなくだらだら遊べるのがいいですね。

**岡本** そうそう。一方向にバーッと弾を振っておけばいい。どこにでも行けるっていうゲームだったですね。

**石井**　これ以上先に行けなくなるという場所がない。当時はかなり人気がありましたよね。

**岡本**　だいぶ売れたんじゃないですか。デビュー作に恵まれましたね。次は『ジャイラス』（1983年）を作ったんですが、これはアメリカで大ヒットしました。

**石井**　僕は『ジャイラス』もやっていました。

**岡本**　やっていたって……ただのゲーマーですね（笑）。

**石井**　『ジャイラス』はアメリカで売れそうな内容ですね。海外は立体感があるゲームに人気がありましたから。80年代前半は、海外だとワイヤーフレームを使った3D視点のゲームが結構あったように思います。

**岡本**　そうですね。

**石井**　『ジャイラス』は画面の中心に向けて進む、3D視点に近いゲームなので、海外で人気があったのも納得です。そのあたりは、日本と海外で違うところなのかなと

『ジャイラス』は、クラシックの音楽を使っていたような記憶がありますね。バッハの〝トッカータとフーガ〟でしたか。

**岡本**　そうです。クラシックの音楽をディスコ調にアレンジして、基板にその当時とすればものすごく大容量の音楽を積みました。

**石井**　音はすごく良かった記憶があります。

**岡本**　俺はいつもこう言っているんですよ、ハリウッドの映画もゲームも、ヒットするかどうかの50パーセントは音で決まるんだって。『ゼルダの伝説』とか、すごいですから。

**石井**　そうですね。

**岡本**　『ゼルダの伝説』は、1フレームでも早かったり遅かったりしたら意味がない、と思うぐらい、絶妙なタイミングで音を入れてきます。爆弾を爆破して、穴が開いたと思ったときの〝ピロリロン〟っていう音。これが本当にたまらない。「もうあなた天才」って言いたくなる。やっぱり音は大事ですよ。そういう意味で、『ジャイラス』は音で動かしていました。

## 天才に指導はしない

**石井**　その後はカプコンに移られたんですね。

**岡本**　カプコンに移籍してからは、『ソンソン』（1984年）、『1942』（1984年）、『エグゼドエグゼス』（1985年）、そして『ガンスモーク』（1985年）ですね。

**内山**　これらのゲームを開発していた頃は、もう役職がついていたのではないですか？

**岡本**　すぐに課長か室長、みたいになっていました。

**石井**　自分で作るのではなく、まとめる立場になったのですか。

**岡本**　いや、自分で作っていましたね、『ガンスモーク』のときはドットも打っていましたし、何でもやっていましたよ。ただポスターは描かなくなっていました。安田（あきまん）が入社していたので。安田が入社したら、もう俺が描く必要はないですからね。ポスターとかデザインのトップは、すぐに彼に渡しました。

**石井**　安田さんを見た瞬間に、すぐにその才能がわかったんですか？

**岡本**　面接のときにもうわかりましたよ、君は天才だって。だって分かるでしょ、よっぽど頭が悪くない限り。でも、よその会社では通ってないんですよね。（『ストリートファイターⅡ』のディレクターを務めた）西谷なんか、面接もしてないんですよ。履歴書を見て、何か感じるな、と思って。

**内山**　西谷さんは岡本さんに来いと言われて、すぐ次の日に行くことに決めた、という話を聞いたことがあります。

**岡本**　俺は西谷が入社してすぐ「西谷は天才だから、西谷がホームランを打つまで、船水と俺とでヒットを打ち続けよう」って言っていました。「西谷につなげよう、西谷が打たなかったら、またヒットを打とう」って言っていましたからね。

**石井**　今となればそう思いますけど、岡本さんはいろいろなことが最初に分かりますよね。例えば他社のゲームでも、これは売れるというのが、たいていすぐに分かるじゃないですか。人に対しても同じですか？

**岡本**　分かりますよ、もちろん。人を見てこいつはすごいって分かれば、そいつに全部任せちゃうんですよ。だから自分で指導はしない。中途半端な子は指導しますよ、こうやって作るんだよって。でもすごいやつは、もう手を入れない、手を入れると崩れるから。

とみちん、富田っていうのがいたんですけど、それはもう絶対に手を入れるなって言っていました。彼がやったのはガンダムの『連邦VS.ジオン』『ストリートファイターZERO2』『ストリートファイターZERO3』『X-MEN VS. STREET FIGHTER』『ガチャフォース』とか。すごいのが在野にいるんだなと思いました。そんなのが何人もいたので、今のカプコンがある。俺もいろんなヤツを引っ張っていたし、いい時代だったなと思います。

**内山**　その頃は特に大きなトラブルはなかったんですか。

**岡本**　いや、毎日ありました。

**内山**　毎日ですか（笑）。

**石井**　岡本さんが実際にゲームを自分で作ったのは、いつぐらいまでになりますか。

**岡本**　『サイドアーム』や『ブラックドラゴン』の頃はやっていました。敵の細かい仕様を書いていましたからね。『ファイナルファイト』とか『ストリートファイターⅡ』は、西谷が企画書を書いて、俺のほうでチェックしていますね。

**石井**　そうですか。

**岡本**　それでも『ストリートファイターⅡ』までは手を入れているんですよ。『ストⅡダッシュ』とか『ストⅡターボ』になったら、もう西谷に任せようと。

## ゲームを作っていると、答えが見えなくなる

**石井**　『ストリートファイターⅡ』のときにも、細かいことをしておられたんですか。

**岡本**　西谷とは結構ぶつかっていましたよ。『ストⅡ』のネタ出しの頃からずっと。みんなわがままなんですよね。自分が描いたキャラや、自分がプログラムをしたキャラを強くしたがるから。

**内山**　そうでしょうね（笑）。

**石井**　強くというのは、担当したキャラを強くするってことですか？

**岡本**　こっそりと、自分のキャラを強くしておくんですよ（笑）。

**石井**　そうなんですか。個人的なことですが、僕が対戦格闘ゲームの『速攻生徒会』を作っていたときに、僕の担当していたキャラは大体弱かったですね。「ああ、僕が作るとこうなるんだな」というのを勉強した気がします。「これじゃ強過ぎるだろ」とか思うのが、先にきちゃったなって。

**岡本**　カプコンでザンギエフが弱かったのには、わけがあるんですよ。カプコンがロケーションのテストをする〝ジャトーＥＸ〟という京橋のゲームセンターに、ザンギエフ使いがいたんですね。ロケテストをすると、ザンギエフが80連勝とかするから、明日ちょっと弱くしとけって言って、ＲＯＭ交換をしてバランスを取っていた。いや違う違う、そいつは全国区で強いだけだからって。

**石井**　僕も他のゲームでいくつか例を知っているんですが、アーケードゲームでは現実にそういうことがありますよね。

**岡本**　ありますね。テストしているときに強いと、能力を下げられちゃうんですよ。発売前には、社内でもゲームセンターでも調整しています。全員の強さのバランスがフラットになっていてもつまらないので、デコボコしていてほしい。できたらじゃんけんのグーチョキパーになっていてほしい、というようないろいろな思いがある。みんなそのゲームをやり込み過ぎていて、迷走しているというか、もう答えが見えない状況ですよね。

**石井**　やっぱり、作っていると見えないというのはありますか？

**岡本**　全く見えなくなりますね。

**石井**　プレイヤーとして見ていると、なんでこんなのが最初に分からないんだろう、って思うものなんですよ。多分世間のプレイヤーは、いつでもそう思っているんじゃないですか。ロケテストですぐ分かっちゃうことなのにと。

**岡本**　でも作っていると、やっぱり視界が狭くなる。親バカの息子と同じだと思うんですよね。昨日まで立てなかった子が今日立っているから、「すごいやん、立ってる」となる。それは違う、よそは100メートル10秒台で走っているんだからと。

**内山**　西谷さんとぶつかったのは、他にはどういうものがありましたか。

**岡本**　いっぱいぶつかりましたよ。例えばスピードと、筋肉の大きさについてです。遅くて大きい筋肉質と、細くてスピードのある、打撃力がない締まった系、というキャラの分類。これはウソですからね。現実には、筋肉が大きいほうが、スピードが速いですから。

柔よく剛を制すと言われる、柔道でさえ体重別になっています。だから本当は、同じ階級にならなかったり、ハンディキャップつけたり、体力ゲージの長さを人によって変えたりということも考えなければいけない、というような話をずっとしていました。

**内山**　なるほど。

**岡本**　西谷が天才らしさを発揮したのは、最初に『ストリートファイター』のプログラムの解析をしたことですよ。『ストリートファイター』は、昇竜拳が決まれば勝っていたじゃないですか。なんで『ストリートファイター』で昇竜拳が必殺技として成り立っているのかというと、それはめったに技が出ないからですよ。

『ストリートファイター』の昇竜拳はなんで出ないのか、聞いたことがありますか？ コマンドを入れて、バンッて叩いたとき、戻るタイミングで見ているんですよ。つまりボタンを離したタイミングで入力を見ているんですね。

**石井** 『ストリートファイター』のテーブル筐体が発売されたときに、そのことはすごく分かりやすく感じましたね。

**岡本** そう、テーブル筐体だと、こうやって指を離したら発動する。でもみんな、こうやって叩くじゃないですか、だから技が出ないんですよ。西谷は、みんなはそんな気持ちでやってないはずだ、叩くタイミングで見ているはずだ、と言っていました。だから、叩いたときと離したとき、両方の入力を取った。

**石井** 両方をちゃんと見ているんですよね。

**岡本** そう、だからそれがすごいと思いました。目からウロコですよ。俺やったら、叩いたときにする、って言い切っちゃいますね。でも昔に慣れている人もいるから、離したときも必要でしょ、と。なるほどね、見えているものが違う。

**石井** 西谷さんと話していると、確かに見えているものが違う、という感じがあります。

**岡本** それは彼が18、19歳のときからありました。西谷がゲームタイトルを、二つに分けていたことがあるんですよ。世間で売れているアーケードゲームを二つに分けて、こっちには「ある」、こっちにはないって言うんですよ。で、「ある」ゲームがいいゲームで、「ない」ゲームは良くないって言っていました。売れているタイトル限定での話ですよ。

今思えば、それはリスクとリターンのバランスが取れているか、取れていないかです。でもそのときは分からなかった。ゲーム性ってリスクとリターンのバランスじゃないですか。ハイリスクはハイリターンにする、大パンチはリターンを大きく作って、でも隙は大きくしているからリスクもでかいっていう。それを「ある」って言っているわけだけれど、でもそれは当時の彼も、うまく言葉にできなかった。

**内山** ただ「ある」とだけ言っていたんですか？

**岡本** 「こっちのこのタイトルのゲームにはあります」「このゲームにはないです」って言うんです。手書きの紙を見せてくれたことがあって、「ああ、俺には理解できねえ」って。今はわかっていますよ。今は理解しているし、解析も終わったんですけど。西谷は、こういうのを世界で最初に言った男じゃないかな、と俺は思うんです。やっぱり天才だなと。

**石井** それにしても『ストII』は、会社にものすごい利益をもたらしましたよね。

**岡本** 西谷はよそからもっといいオファーがあったから、アリカを作ったんだと思います。でもやっぱり周りに自分より偉いやつとか、自分と同じクラスのやつらがおって、感覚を研磨し合わないと駄目だと思うんですよね。もったいないことしたな、ちょっと独立するのが早過ぎたかなと。アリカが見劣りする、というわけじゃないですよ。でも、もう一人二人、すごくできるやつと一緒にやってくれれば、世界のゲーム市場は変わっただろうに、ぐらいのことは思っているんですよ。

## アーケードに限界を感じてコンシューマーへ

**石井** 岡本さんはその後、アーケードから家庭用に移られましたが。

**岡本** アーケードは『ストⅡ』の後、『ヴァンパイア』の立ち上げや、『マッスルボマー』に関わっていました。その後にアーケードがコンシューマーより容量が小さくなり、限界を感じたときがあって。

**石井** それはいつぐらいのことですか。

**岡本** プレイステーションの1が出たときです。コンシューマーの音が良くなって、総容量が上がってしまった。

**石井** その頃までは、アーケードはゲーム業界の最先端、といった感じでしたね。

**岡本** プレステの登場でコンシューマーより、アーケードが（スペック的に）下になったな、と思ったんです。

**石井** もうPS1発売のときに、そう思われたんですか……。僕がそう思ったのは、PS2になってからですけれど。

**岡本** もうPS1のときに、どうしようもねえや、と思ったんです。それでアーケードは船水に任せて、コンシューマーの開発を見るようになりました。

それがコンシューマーに『バイオハザード』が出る前のことですね。最初の1発目が『バイオハザード』で、完成間際の頃に入りました。そうしたらすごいんですよ、何を考えたらこんなことになる

んだ、というようなゲームで（笑）。絵は下手くそだけど怖いんですよ、ちゃんと怖いのに、インクリボンを探すだけのゲームになっていたんですね（笑）。

**内山** インクリボンは、セーブ用のアイテムでしたね。

**岡本** 「インクリボンこの辺あるやろ」とか、みんなインクリボンの話しかしていないんです。どうしてかというと、怖いより先に、ゲームオーバーになって戻されるのが嫌だから。操作も難しいから、なおさらです。

だからインクリボン1個で、複数回セーブできるように直しました。そうしたらやっと本音の意味で怖くなった。

**石井** カプコンのアーケードゲームは、操作性の面ですごくアクションというものを分かっているな、と感じることが多いです。だからこそ不思議なんですけど、カプコンのコンシューマーゲームは、なんでこんな操作になっているの？という意見が意外にありますよね。

**岡本** 『バイオハザード』は、レバーの入力方向に対応しているバージョンも試作したんですよ。でもやめたんです。ゾンビがゆっくりこちらに来るじゃないですか、これを軽くかわされると困るんです（笑）。

ゾンビがゆっくり来るから、プレイヤーはそれに対してあたふたしてもらわないと困るんですよ。そうしないと、パンパンと気持ち良く銃を撃って、「はい、おしまい」ってやられちゃう。だから弾数も制限しなきゃいけなかった。

**石井** そこはホラーゲームの究極の命題ですよね。操作が快適にプレイできればできるほど、爽快感が増して怖くなくなる、という。

**岡本**　そうなんですよ、ホラーじゃなくてシューティングゲームになっちゃうんですよね。いろいろ悩んだんですけど調整が難しくなるから、あの形になりました。実は『バイオハザード』が出ないと、格闘ゲームのブームが去ったら倒産するやろ、と言われていたんですよね。『バイオハザード』が出てなんとか立ち直った。そして『バイオハザード』の続編を作りながら、他のゲームも立ち上げていこうということになった。

そのときに、シナリオに手を入れようと着手したのが"フラグシップ"ですね。ゲームのプランナーやプログラマーはプロがやっている。でもゲームのシナリオライターは社員が兼任。「なんでここだけプロじゃなくて、社員やねん。そんなんおかしいやろうが」と。それならプロに書かせたらどうだろうということで、シナリオを専門に書く会社を作りました。

**石井**　今はもう、ゲームのシナリオはプロのシナリオライターがやるのが当たり前になっています。それを思うと、かなり早い時期の決断だったですね。

**岡本**　俺らはそれを最初にやったのかもしれませんね。シナリオライターは今までよりずっと充実した仕事が出来て、俺らもシナリオの部分で悩まずにいける。シナリオライターたちは、ゲーム内の仕掛けも考えてくれるんですよ。これはだいぶ便利だなと（笑）。

**内山**　そのあたりで『デビル メイ クライ』が出てきますね。

**岡本**　『バイオハザード』のディレクターの神谷が、もう同じものを作るのが嫌で、今度はちょっと今までと主人公のイメージを変えたいんです、って言ってきたんですよ。ジャンプもしたいし、剣もナ

イフも当たるようにしたいって。それが『デビル メイ クライ』でした。「ジャンプしたいんです、ナイフを当てたいんです、弾が足らないのが嫌なんです」と言っていたので見てみると、ジャンプしたいんです、ジャンプはブワーッて飛ぶし、ナイフはグワッと貫くし、弾はバンバン撃つようになっていました。おまえふざけるなよって（笑）。ゲームはおもろいけど、これを『バイオ』の名前で売るのは止めてくれって言いました。それで『デビル メイ クライ』になったんです。

**石井** 『デビル メイ クライ』は、アクション的にとても良くできていて、すごく面白かった記憶があります。

**岡本** そうですね、でもあれはもともと『バイオ4』だったんですね（笑）。本人も断られたら断られたでいいや、というくらいのつもりで、勝手に作っていたんだと思いますけど。

それで『バイオ』をそのまま残して、別に『デビル メイ クライ』のラインができた。『鬼武者』は『バイオハザード』より制作ペースが速かったので、『鬼武者』の方が売り上げのエースになった。その『鬼武者』の次の柱を立てようと『モンスターハンター』に着手したという流れです。

そのときはオンラインで遊ぶ、マルチで遊ぶものを何部作か作っていました。実験を兼ねながら、『バイオハザード』やドライブゲームや、いろいろ作ったうちのひとつが『モンスターハンター』です。PS2を使ってオンラインでつないだんですけど、こけるだけこけて……。リリースするときには、俺はもう辞めていたんですけどね。

そのときは『レッド・デッド・リボルバー』を、安田（あきまん）たちとアメリカで作っていました。俺が辞めたんでそれが中止されて、完成間際でロックスターに売却されたんです。

**石井**　完成間際まで『レッド・デッド・リボルバー』をやっていたんですか。

**岡本**　そうです。だからあれはあきまんの絵です。

**石井**　僕は『レッド・デッド・リボルバー』をXbox360の誌面でレビューした後、面白そうなので自費で購入した覚えがありますね。

**岡本**　まあまあじゃなかったですか、グラフィックが。

**石井**　当時としてはかなり良かったです。

**岡本**　ありがとうございます。あれのほうが（世界的には）『モンハン』よりも売れていますからね。カプコンも拾うんだったら、『モンハン』じゃなくて『レッド・デッド・リボルバー』のほうを拾えば良かったのにな、と思っているんですけど（笑）。世界的に見れば、数は圧倒的に出ているんですよね、800万とか900万とか出ていたはず。

**石井**　『レッド・デッド・リボルバー』はあまり深くやり込まなかったですけど、なかなか楽しめました。でも特に、日本の人が作ったような雰囲気は感じられなかったです。

**岡本**　そうですよね。アメリカの、サンディエゴのちょっと北のカールスバッドっていうところでずっと作っていました。安田も2年ぐらいそこに缶詰になっていた。ボクも毎月行って、1週間ぐらい滞在して、ずっと作っていました。

**石井**　ああいう感じのフィールドの広さを感じさせるゲームは、当時日本ではあまり作られていなかったですね。何でやらないんだろうな、と強く思っていました。

**岡本**　本当ですよね。

**石井**　家庭用ゲームのコンソールの能力上がったら、明らかにゲームの主流はあっちの方に行くだろうって。

**岡本**　行かざるを得ない。行ったほうが分かりやすいというか、ゲームのパワーを見せやすい。

**石井**　お金のあるところが、日本でもオープンワールドをやってくれれば、と思うんですけどね。

**岡本**　そのときにちょうど勝負をかけなきゃいけない、新タイトルを作らなきゃいけないと思っていたんですが、そのうちの一つが『モンハン』で、もう一つが『レッド・デッド・リボルバー』。4タイトルか5タイトルぐらい立ち上げて、ものになったのは2タイトルだけ。結果として5打数2安打ですけど、ボクからするとこれは予想だにしない高打率ですよ。

**石井**　ゲームを作って、1本大きく当てたらすごいことですからね。

**岡本**　本当にすごいことです、大変なことなんですから。

その後カプコンを辞めて、ゲームリパブリックを立ち上げた。そこでほそぼそとゲーム開発をして、失敗して全員リストラ。それが5年ぐらい前ですかね。

皆さんからいろいろ質問されましたよ、なんでゲームリパブリックが駄目になったかと。理由は分かってますよ、って答えていましたけど、聞きますか？　特に興味ないでしょう⁉

**石井**　僕はそのことにも興味はありますよ。

**岡本**　本当ですか⁉

**石井**　当時僕はファミ通Ｘｂｏｘ３６０でレビューをやっていたので、ゲームリパブリックのゲームも何作かやっています。それで気になっていました。

## 負のスパイラルに陥ったゲームリパブリック

**岡本**　それではゲームリパブリックの話をしましょうか。ゲムリパが駄目だった理由は、統制がきかなかったからです。カプコンを辞めて独立したのが、結果として一番駄目でしたね。カプコンはタレントぞろいで、4番が調子悪いなら、おまえは下がれ、こっちにおまえを入れるから、みたいな組み合わせが自由にできる。超一流のカードが切れたんですよね。優勝監督といっても、超一流がそろっていたら、それは誰でも打線を組めるみたいな。

**石井**　カプコンのときは、それだけメンバーが充実していたということですか。

**岡本**　そうそう、メンバーが良かったってことですよ。野球なら1番も2番も打てて、何でもできるようなメンバー。サッカーで言えば、これは日本代表だよね、というぐらいの選手が11人そろっているわけですよ。その中で1枚2枚落ちるのがいたとしても、チームとしては日本代表に近いくらいで僕はやっていた。

　しかしゲームリパブリックではそれほどでもないメンバーが集まって、みんなメーカーの出どころが違うんです。それまでやってきたやり方が違うので、これをまとめる能力が俺にはなかった。それでデザインは誰が仕切って、プログラマーはどこそこがとか、攻撃ベクトルが外に向かずに、中に向いている。でもユーザーからすると、寄せ集めのチームで作ったゲームだから、まあここまでできれば御の字、ということにはならないわけですよ。

**石井**　プレイヤーはそんなこと、想像もしないですよね。

**岡本**　そうそう。「2年目のプログラマーも入っているから仕方ない」とか関係ないじゃないですか。だから、おまえたちが堂々と出したやつは「クソじゃないか」って、こうなるわけです。「クソじゃないか」の続きは、次は買わないとか、オファーされる仕事が減るとか、コストが安くなるとかっていう、負のスパイラルにきれいに入っていく。

それに拍車が掛かったのは、リーマンショックで17億ほど焦げ付かされて、お金がなくなってから。17億の借金を返さないと、いずれ潰れてしまう。でもヒット作を作っているわけじゃないから、お金はありません。どうやって返済するのかといったら、給料を下げるしかない。俺たちの、役員の給料をゼロにします、部長、課長クラスは減給します、新人は昇給しません。そうなったら、できる子から順に辞めていくじゃないですか？

**石井**　どうしてもそうなりますね。

**岡本**　当然、みんな飯を食っているわけだから。辞めたところを補填するのに、出来の悪い子を入れます、人数はそろっているけど、出来は悪くなります。ヒットはしません、お客さんには損をさせます。次のオファーは安いのが来ます、でも返済をしなきゃいけません。もっと給料を下げます、未払いになります。という負のスパイラルに、きれいに入っていきました。多分ゲーメストと一緒。違いますか？

**石井**　うーん、いや、ゲーメストの場合は本当に単純に、ゲーメスト以外のものの利益がすべてゼロというか、マイナスなので。

**岡本**　そうですか。

**石井**　ゲーメストはすごく売れていましたけど、時間が経つにつれ当然対戦格闘ゲームの人気が多少落ちてくるから、ゲーメスト自体の売り上げも少しずつ落ちてきます。それでもゲーメストは、圧倒的に会社の中で黒字なんだけれども、銀行が入ってくるとどうしても常に前年比よりも売り上げが上がっていく、ということにしなければいけない。自社ビルを建てたりとか、いろいろなところでお金を使っているので。

そうなると、「これは売れないから作らないほうがいいんじゃないか」というムックも作らされることになる。

**岡本**　売り上げとしては欲しいと、利益じゃなくて。

**石井**　売り上げとしては欲しいから、無駄なものを作らされる。出版の場合は返本のシステムがあるんで、一時的に売り上げ上がっても後から返本が返ってくるから、余計に赤字になりますよね。それでもゲーメストの編集部全体は黒字で、全く問題なかった。しかしゲーメストがものすごく儲かっていたからこそ、そのお金で他の雑誌を出したり、物販をやったりとか、いろんなものに手を出す。しかしそれらが、1個もモノになっていないんですよね。

**岡本**　あ、そうなんですね。

**石井**　成功しているということは、ちゃんと理屈がある。どういう理由でゲーメストが成功しているのか、それが会社内で全然理解されていない。ゲーメストを始めたら、たまたまうまく当たった、という感覚が残っているんで、とにかく手を広げればなんとかなるんじゃないか、と思ってしまう。

**岡本**　どれかが当たるんじゃないかと。

**石井**　そういう感覚はあったんじゃないでしょうか。でも1個も当たらなかったですからね。ゲームグッズ関連の物販で足を引っ張ったのが、一番大きかったように思います。

**岡本**　あーっ、やってましたね‼

**石井**　やっていること自体はすごく先進的だったし、コミック絡みでメディアミックスに近いことをやっていたのも、今思えばものすごく先取りをしていた。しかしやっぱり人材の面で、全然足りていなかったですね。ゲームグッズはオリジナル商品を作ってある程度売れているものもあったから、方向性はそんなに間違っていなかったと思います。

僕は一時期物販関係を見ていたことがあるので思っていたんですけど、テナントの出す立地からして、何も考えられていない。この立地でどうやって元を取っていくつもりなのかとか。またどういう大きな計画を持って、全国に展開するつもりなのか。ただ数を出しているだけじゃないのかと。

**岡本**　そのとおりの結果が出るわけですよ。

**石井**　だから、ゲーメストに関しては僕の中では、こういう理由があってこういうふうにやっていければ、このくらい成功するだろうって道筋が見えていて、売れたのは必然の結果だった。でも社内でそう見ている人が少なかったから、手を広げればどれか当たるんじゃないかと。そうやって手を出したものは、全部失敗していますからね。

**岡本**　聞いてみれば、想像していたよりずっとヤバい（笑）。

## 金も名誉も女も要らぬ、ただゲームが作りたい

**岡本**　僕らのところは、こんなことをやっていても当たったときのリターンも小さいし、携帯のアプリの方に移行しようと旗を立てた。僕は行こうと言ったんだけれど、「岡本吉起と組んでハイエンドのゲーム開発がやれると思っていたから来たんです」と言われて、ほとんどの人は付いてきてくれなかった。全体の5パーセントぐらいかな、付き合ってくれたのは。

**石井**　岡本さんがゲームリパブリックをやっておられた頃にソーシャルが出てきたと思うんですけど、僕はずっと岡本さんはソーシャルに向いているんじゃないかと思っていました。ゲーム作りの方法論にこだわるというよりは、岡本さんはどちらかというとストレスをなくして、とにかく面白く遊んでもらえるものを作る、という感覚があったので。

家庭用の話に戻ると、2000年以降に日本のゲームが伸び悩んだのは、ゲーム作りの規模で世界と太刀打ちできなくなったことがあると思います。でもそれ以外に「ゲームってこういうもの」という先入観があったのが、ひとつの理由になっているのかなと。海外のオープンワールド系のゲームという、今までとは違うものが出てきたときに、日本の感覚がずれていた。オープンワールド系のゲームはゲームの中に一つの世界を作って、そこに滞在しながら、自然に楽しく話が転がっていくような作り方になっている。大きな流れがそういう方向になっていこうとしているときに、日本では「ゲームというものはこういうシステムで、これを遊ばせるものだ」というような狭い意識があったように

思います。

**岡本**　なるほど、そうですね。

**石井**　当時いろいろな日本のゲームを遊んでいて、このスタイルだったら、海外では受け入れられないだろうな、と強く思っていました。

**岡本**　僕が思っていたのは、PS3、PS4となっていくと、サイズが大きくて、全体が細部まで見渡せない、想像できないようになっていくということですね。取りあえずやってみて、そこから細かいところを埋めてみるか、という感じになる。僕らのもともとの作り方は、最初から全部見えているという作り方。そのサイズ感が、世界が求めているサイズ感になっていなかったんです。

それに金を出せるような国でもなかったんで、僕は日本のコンシューマーゲームが、世界で通用するってことはもうないんじゃないかと思っています。日本国内、ドメスティックでは活躍するけど、世界では活躍できない。だから世界で活躍できるように、携帯アプリのほうに僕は行くと言ったんです。

でも「それはおまえが通用しないだけだろ」とネットで書かれた。まあ確かにそうかもしれない（笑）。それでミクシィさんと組んで携帯アプリを作る、という話になったんですけど、あまりいい受け止め方はされていなかったです。

**石井**　そうでしたか。

**岡本**　何もかも失って、本当に追い込まれたときには、人間って面白いな、と思いました。純粋にゲームだけを作りたくなるんですよね。飲みに行きたいとか、ええもん食べたいとか、そういうのが一切なくなるんですよ。ただちゃんとゲームを作りたい、と思うんです。何もかも失って、金も名誉も

女も要らぬ、私はもう少しヒット作が欲しい、と。

自分が起死回生で一発打つなんて、ゲームを作る以外ないじゃないですか。他に何もない、方法はないんですから。じゃあもうゲーム作るか、みたいな。何本作れるか分からない、でもソーシャルなら、5、6本は作れるかもしれない。

**石井** あのときにソーシャルの状況はそうですよね。

**岡本** ソーシャルのゲームは、俺のちょうど手のひらのサイズなんですよ。スーパーファミコンとか、このサイズ感が、世界観の大きさがちょうどいい。これがいずれ大きくなっていって、またプレイステーション4やXbox Oneみたいになるじゃないですか。そうなるともう、ついていけないから。

**石井** 今はスマホのアプリも、急速に規模がでかくなっていますからね。

**岡本** そうそう、だからそのうちついていけなくなる。だからちっちゃいサイズのときが、今が俺のサイズなんだと。今まで作ってきた、このサイズ感、ここでしか活躍できない、今を逃すわけにはいかないんだと。しかし現在はもう規模がでかくなっていますよね。これだと、昔のコンシューマーゲームの開発費と変わらないですよ。

**石井** もうそうなっていますか。

**岡本** 開発するのに8億とか10億とか、もう普通に言われています。

**石井** ソーシャルゲームまでずっと記事を書いてきた、ゲーメスト時代からの知り合いがいるんですけど、ソーシャル業界って、家庭用ゲームの歴史を、短い年数で縮図のようになぞっている、って言

っていました。少人数で手軽に作れた時代から、抜きつ抜かれつ、の戦国時代を経て、大作主義になってきているって。

**岡本**　ボクもそう感じてました。

**石井**　他にも昔のライター仲間で、今はソーシャルを作っている人がいます。彼は以前「今までゲーム業界にいた人間がソーシャルを作ると、ヒットするものが作れない」と言っていました。なぜかというと、「こんなのはゲームじゃないから」と。

しかしソーシャルゲームは移り変わりが激しいので、また少し経つと言うことが変わってくるんですよ。最近は「これからはゲームのことが分かってないと駄目だから、そういう人間がいま業界で求められている」と。「言っていることが昔と正反対だな」と思いました（笑）。

**岡本**　そうそう、変わったんですよ、流れが。潮目が変わったというか。圧倒的にゲーム性を求めていない時代から、圧倒的にゲーム性を求める時代に変わったんだと思いますよ。

**石井**　そういう変化は感じていますか？

**岡本**　感じていますね。僕らが入ろうとしたときはまったく逆だった。僕らにとってはアゲンストだったですね。それまで現実にゲーム屋さん上がりで当てたやつがいなかったから、それは事実です。だからゲーム屋さん上がりで、アプリで当てるというのが、僕らのやるべき仕事だと思っていました。

**石井**　確かに、今までそういう前例がなかったわけですからね。

**岡本**　前例がないから、俺が当ててあげなあかんな、と思いました。当てたらコンシューマーの人でもアプリに来られるだろうと。そうなれば各ゲームメーカーも、本気でエースをぶつけてくるだろうと思いました。あの当時のゲーム会社は全部そうなんですけど、携帯アプリを開発する場合、主流のところから外れた2軍とか3軍とかぐらいのチームが作っていましたよね。僕みたいに「1軍で大ヒットシリーズになるような新作の開発をやめて、これからは携帯アプリやと思う」って言ったのは、他にいなかったです。

**石井** でもその時期は、もうソーシャルがすごく出てきていた時期じゃないですか。

**岡本** 出てきていましたね。僕はもうちょっと早くに入って、ガッツリ失敗したんですけど。僕らが入った頃は、『怪盗ロワイヤル』が出始めたぐらいのとき。mixiゲームの『サンシャイン牧場』とかありましたね。

**石井** 懐かしいですね。

## 新しいものを作るなんて馬鹿げている、というソーシャルの常識

**岡本** 『怪盗ロワイヤル』は金字塔だと思いますけど、あのときに（ソーシャルの作り手から）僕の思っていることと違うことを言われて迷走しました。大ヒットした『怪盗ロワイヤル』は、アメリカのアプリのトレースというか、インスパイアされ過ぎてたでしょ⁉

**石井** そうなんですか？

**岡本** 何一つ違うデータがないですから、3カ月で作れるんですよ。少人数短期間で作って、あれだけ稼ぐわけです。その結果「新しいものを作るなんて馬鹿じゃないの」という文化が出来たんじゃな

いかなと。

**石井** 新しいものを作るな、というのは強烈ですね。

**岡本** 「新しく作るなんて、馬鹿がすることだ、これをそのままパクればいいんだ、それ以外のことは考えるな」って言われる。「じゃあ俺は来なくてええやん」ってなるでしょう。じゃあ俺じゃなくてもいい、俺のポジション、仕事は無いやないですか。プログラマーとデザイナーだけでいい。でも誰か、どこかの会社が新しいものを作っているからこそ、そこからパクることができているんですけどね。

それでもゲームリパブリックがこけて、その後独立して小さな会社でやっていたから、開発費を出してもらえるだけでありがたいわけですよ。しかしそうしたら、全部相手の言うこと聞かなきゃいけない。彼らがこういう条件で作れと、100項目くらいを出してくるわけです。

そのうちの8割くらいは合っていると思うんです。自分でも納得するんですよ。でも2割は「うーん」と思うんです。実際のところ成功事例だから、彼らはこの100項目を信じているんです。でも俺は、残りの2割の部分は「多分ユーザーはイライラしていますよ」と思うわけです。しかし他の成功事例がないから、彼らはこのまま100項目を盲信してる。俺は「この2割は嫌でしょ」と思っているんだけど、相手は「この100項目でおまえらもやれ」って言うんです。

その一つがチュートリアルですね。KPIって言葉はこの業界に入って初めて知りました。経営重要指標とか何とか。経営するために重要な指標があって、ここここの数字を押さえとかなきゃいけない、みたいなものがあるらしいですよ。僕はいまだに見ないですけどね（笑）。「それを見るんだ」と言うんですよ。

でも僕らが今までやってきたのは、ゲームを作ってゲームセンターに出したら、それで終わり。つまりユーザーがどういうふうに感情を動かすかっていうのは、最初から半年後とか1年後ぐらいまで、しっかり想定してゲームを作っているわけですよ。『ストリートファイターII』だったら、最初はボタン連打系の技が流行って、その後に溜め系の技に移行して、最後はコマンド系になるはずだっていうように。ユーザーやマーケットをイメージして、その期間をざっくり想定して出すわけじゃないですか。まあ、思ったとおりにはいかないけど（笑）。でもどちらにしても、イメージを出すわけですよ。

それが彼らからすると、「不完全なものでいいんだ、その後KPIを見て直すんだ」と言うんですよ。僕には絶対に、そんな風に思えないです。「だからおまえら駄目なんだ」って言われる。「3割で作って、7割は後で完成させるんだ、リリース後にやるんだ」って。

僕は全然納得しないですよ。「最初から100%できた状態の、何が駄目なの？」と。「それはKPIを見てないから」「いや、KPIは想像するんだろ」「いや違います、そうじゃない、だから時間もかかって、おまえら駄目なんだ、ユーザーの意見が数値で現れるんだ」と。

**石井** 今はリアルタイムでユーザーの反応が数値で示されるので、それは分からないでもないですけど。

**岡本** 本当ですか？ 僕はもう全然理解できないですけどね。

**石井** 2000年以降のアーケードゲームも、ソーシャル同様に運営するスタイルに変わってきています。今まではゲームセンターでプレイヤーとしてやっていて、作り手が何で分かってないんだろう？という部分がいっぱいあったんですよ。それってやっぱり、作り手に情報が届いてなかったんですよね、それにたとえ言葉で言っても、数値で出てこないんで説得力が無い。でもそれがオンラインになれば、数字として出てくる。それでもプレイヤーがどう思っているのか、本当のところは分からないですよ。分からないけれど、それを推測する手がかりとして数値が出てくる。

**岡本**　僕はもう全く数字は見ないで、数字は後で確認のために見るんですよ。数値を見てから考えるんじゃない。こっちがイベントを組んで、そのとおりにユーザーが反応したか聞いて、「反応してます」「だったらええやないか」って、それだけ。だから、数字ありきでものは考えないって言っているんですね。声がでかいやつの意見聞くと話がややこしくなる。僕らもプレイしているんで、やっぱり自分たちの意見だけを聞いている。無課金を悪くは言わないですけど、大騒ぎしているヤツは無課金が多いんですよ。「結局、課金したら有利になるだけ」って言うんですけど、そりゃ商売でやっていますから。

**石井**　課金して得にならないんだったら、誰もお金を払わないですからね。

**岡本**　そうそう。課金しなくても遊べるけど、課金したほうが楽になる。それを言うとまたごちゃごちゃ言うわけですよ。それがノイズになるんで、もうそれは一切聞かないでやっています。

他には、チュートリアルを取っ払ったんです。これは本当にストレスやったんやけど、「プレイヤーがチュートリアルのどこで落ちたか見てください」って言われる。必ず「どこで落ちてましたか。その出来が悪い」って言うんですよ。

それには「それは違うよ、同じカードバトルでみんなルールを知っているのに、同じチュートリアルを遊ばせるから飽きたんだよ」って言っているんです。みんながルールを知っているからそうなる。

チュートリアルを作るのは、すごいコストが掛かるんですよ、僕らみたいな弱小チームだと困る。

**石井** チュートリアルって、すごく作るのが大変ですよね。

**岡本** ものすごく大変です。コストが掛かって、その結果プレイヤーをイライラさせている。それを「イライラさせているのはおまえらが悪い」って言われるんですけど、それは違う。最初からチュートリアルがいらないゲームを作ればいい。

**石井** その考えはアーケードゲームっぽいですよね。

**岡本** そうそう。「チュートリアルは要らねえんだよ」と。ただ、チュートリアルなしで遊ばせるのが一番難しい。他のゲーム性を全部練っていくときに、最初から「絶対にチュートリアルを入れない」って決めて作っているんです。

**石井** 個人的な話になりますけど、僕は以前Ｘｂｏｘ３６０の雑誌でレビューを担当していました。レビューをするためにゲームをプレイするわけですけど、チュートリアルの長いゲームを遊ぶのは、すごく辛いんですよね。その後、洋ゲーが進化するにつれ、チュートリアルはどんどんゲーム本編に組み込まれるようになっていきました。

岡本 チュートリアルは楽しくないですから。

**石井** 楽しくないチュートリアルを、何でやらせるかっていう話ですよね。それなら普通に遊んでいるうちに、少しずつ自然に覚えさせればいい。

**岡本** だから『モンスト』は、何も見ずに画面を見て、ペってはじいたらそれだけでゲームをプレイできるように作ってあるんですよ。ペッてやって、パパパッ、ボーッとかいって、勝手にプレイする。

それがなんか気持ちいいね、って遊ぶんですよ。

**石井**　例えばロールプレイングゲームで、先に行くにつれて、いろんな武器や技を使えるようになったりしますよね。それは成長する楽しみもあるけど、最初に全部入れちゃったら情報が多すぎて理解するのが難しい、という理由もありますよね。ロールプレイングは、少しずつ覚えさせる作りに自然となっている。

**岡本**　そうそう。そこだと思うんですよね。でも大事なのは、それらの全部を削ぎ落とした状態で、おもろいって感じてもらえるネタかどうか、ということなんですよ。そこまで精査していって、脂肪分とか余計なものを全部落とした、筋肉質な小さいゲームを作るという企画が通ったところが、『モンスト』の売りだと僕は思っているんです。

そのために、関係者が毎日顔をつき合わせて、一心不乱に開発作業に没頭していましたね。面白かったな……今思えば。そして、作っているときには分かるものなんですね、これがどれくらい当たるか、ということが。もう手探りも手探り、僕は一本もソーシャルで当てたことがなかったから、余計に必死でしたね。ただ、それまでに言われていた大手の成功法則みたいなもので、気に入らない2割くらいのものは無視しました。

## あふれたお金は社会貢献に使いたい

**石井**　岡本さんは、『モンスト』のあと、これから何をしようと思っているんですか？

**岡本**　僕はお金ができたら、引退してタイに移住しようと思っていたんですよ。実際に当たったから、移住しようと思って、頭の中で脳内シミュレーションしたんです。そうしたらあんなに大事だったタイが、暇で仕方がない国になりました（笑）。

1〜2週間の休みはとても貴重な時間で、非現実のような非日常で、こんなに楽しい日々があるのかって思います。でもタイに移住したら、ずっとそうですからね。ずっとビーチで、日の当たるところでハンモックに揺られて、ココナッツジュースを飲んで、海パンで真っ黒に日焼けして、サングラスして麦わらもかぶって……。「いや、何がおもろいねん」と。実際に日常になると、興奮しない。嫁さんがきれいでも、もらったらもう飽きた、みたいなのが一番近い。

**内山**　いつでも刺激的なことをしていたいんですね。

**岡本**　今はすごいモチベーションが高いんです。どうして高いのかといったら、これからは社会貢献しようと思ったからです。例えば、依存症の患者の治療に自分たちがテコを入れたり、子ども食堂をやったりとか。今は6人に1人の小学生が満足にご飯を食べられないんですよ。全国で6人に1人ですよ。計算したらクラスに5、6人もいるんです。

**内山**　あまりそのような実感はないですが。

**岡本**　僕たちの頃は、満足にご飯を食べられない子は1人もいなかったですよ。でもこれは、統計で出ている事実です。その子らに満足にご飯を食べさせようというのが、子ども食堂なんですよ。もう既にボランティアの人たちがやっているけど、月に2回しかやっていなかったりする。それでは子どもたちは満足しないので、せめて週に3日、4日は出してあげたい。今はボランティアスタッフだから、俺が金を出せば雇えるだろうと。

もうひとつは、引きこもりや社会不適合で働けていないやつが、ちゃんと働くように立て直そうとしている学校があるんですよ。その学校に寄付をしようと持っています。もう具体的にどこの学校にするかというのが決まっています。

例えていうと、居酒屋で升の上にコップを置いて、ぐっと日本酒を入れてもらうときにコップからあふれてほしいと思うじゃないですか。あふれてる、もっとあふれさせろ、って言うじゃないですか。

**内山** 居酒屋ではそういうことをやりますね。

**岡本** 俺はこのお酒が僕の貯蓄だと思って、プールしている。グラスが十分な生活の預貯金で、それ以外にこぼれた升の分があって、これも俺の預貯金です。この升からもさらにこぼれたときは、寄付しようよっていう二段構えで考えている。

仮に俺が死ぬまでに、あと3億要るとする。3億に保険をかけて6億ある。さらにそこから先に来るお金、それまで必要かというと、いらんやろ、っていうのが俺の感覚。2億かもしれないし、10億かもしれない。その金額は分からないけど、そのあふれたものは、僕としては有意義に使いたい。そのために何かしようとしたら、俺の会社にお金を集めないとそっちに流せない。今まではお金を稼ぎたい、皆に喜んでもらえる良いゲームを作りたいと思っていたけど、今はお金を集めたいと思っているんですよ、俺のところに。

**石井** 今の会社を立ち上げたのは、そういう意味があったということですか。

**岡本** そうですよ。会社の売り上げの30何パーセントぐらいは、寄付金になる。

**内山**　すごいですね。

**岡本**　最初からそう決めているんですよ。それで来てくれって、人を呼んでいる。だからデラゲーから4月末に抜けたんです。俺の取り分を、そっちに回したいから。だから今は、月給15万円です。

**内山**　15万円ですか。

**岡本**　そこは最低賃金法があるので（笑）。一応それなりに守らなければいけないものもある。税金や保険料も払わなきゃいけない。それには15万ないと払えないですよね。

## 「ソーシャルだから面白くなくていい」というのは絶対にない

**石井**　最後にあらためて、お聞きしておきたいことがあります。僕は昔からゲームの開発をやってきた人と、今でも話したりすることがあります。彼らからしてみれば、ソーシャルはゲームを作っているんじゃなくて、数字をいじっているだけ、みたいな感覚があると思うんです。

でも僕の知り合いには、現在ソーシャルの開発をしている人が何人もいます。また昔はゲーセンでゲームをやっていたけれど、今はスマホのゲームにはまっている人も多い。個人的には、ソーシャルにそれほど抵抗を感じないです。

そこでお聞きしたいのですが、いろいろなゲーム作りに携わった岡本さんから見て、実際に『モンスト』を作ってみたときに、どのように思いましたか？　今までのゲーム作りと比べて、どのようなことを感じましたか。

**岡本**　まあ、作るのは楽しいですよ。運営も楽しかったし。企画をしているときから、ギャーギャー言って、「おもしれえ！」とか叫びながら作っていました。「これやべえ、これ絶対おもしれえ」って大騒ぎでした。それを見て、みんな「バカじゃねえの」って顔で見てました（笑）。

**石井**　それは今までのゲームを作ってきた雰囲気と、あまり変わりがないように思えますね。

**岡本**　ソーシャルの作り方の方程式というのはあったんですけど、今回は譲りたくないところは譲らないで、やりたいようにやらせてもらいました。こうしないと売れませんよ、と。このアイデアを通さないとゲームがつぶれるというときは、もう絶対に譲らない、と決めていたので。

**石井**　ソーシャルだから、今までのゲームとは違うところがいっぱいある。そこを認めつつも、やっぱりゲームの根本、これが面白い、というところは変わらないと。

**岡本**　そこは変わらないですね。

　発売前に、以前ゲーム誌のデスクだったやつが『モンスト』の開発スタッフにいたので、編集部に持ち込んで取材してもらって、どうですかって聞いたんですよ。「面白いですよ、でも売れないと思います。作った人は、売れると思いたいですよね」と言われました。岡本吉起が開発に携わっているから、余計に売れない気がしたんでしょう（笑）。

**石井**　僕も確かに作った人間を見ますけど、それよりも大事なのは、とにかく出来上がったゲームが面白いか、面白くないかですからね。それはもう、絶対的なことなので。

**岡本**　そうですよ、誰が作ったかなんて、普通のユーザーは誰も知らない。嫌なヤツが作ったとか関係ない。売れるときは売れる。仕掛けはばっちりしてあるから、大丈夫だと思っていました。

作るのは面白かったですね……何をしても面白かった。サーバーのプログラムは、俺らからするとやっぱり難しい。負荷分散をうまくできなくて、処理落ちしたりとか……でも、そういうのも楽しかったんです。

**石井**　運営する感覚というのは、昔はなかったですからね。

**岡本**　そうです。そこは僕らにとって、新鮮でうれしかったです。

**石井**　昔の家庭用ゲームは、最初に売り切っちゃえば終わりですからね。今だと家庭用ゲームでも、アップデートを繰り返したりしますけれど。アーケードの場合は、少しずつ何回もお金を入れてプレイするので、昔のコンシューマーよりはアーケードのほうがソーシャルっぽいのかなと思います。

**岡本**　それはそうですね。

**石井**　これからソーシャルはどのように変わっていくと思いますか？

**岡本**　これからどんなふうにゲームが進化していくのかは、俺にはもう全く分からないです。でも「ソーシャルだし面白くなくていいんだ」というのは絶対にないと思います。やっぱり面白くないと嫌ですね。面白くないものを作ってお金を儲けるなんてことは、僕には考えられない。それがまかり通っていた時代が2〜3年あったのは嫌なことで、日本のゲームの歴史の汚点だとすら思っています。

**石井**　ということは、ソーシャルゲームの開発は、岡本さんが今までにゲームを作ってきた感覚と、矛盾したものではない、ということですね。

**岡本**　なかったですよ。いや、ないようにしました。今までのソーシャルの方程式に合わせて成功したところは、確かにいっぱいある。そういうところは、今は苦戦していると思いますけど……。

僕の中では『モンスト』が売れたことで、ミクシィさんに対して、信じてくれたことに対する恩を返せたような気がします。もしかすると、ちょっと恩返しが十分過ぎたかもしれないですけれど（笑）。

（インタビュー収録：2017年6月）

## その後の岡本さん

電子書籍『VE Vol.01』で岡本氏のインタビューを世に出したのが2017年10月のこと。それ以降ゲーム系のwebサイトなどで、岡本氏について語られる機会が増えてきた印象がある。現在、再び脚光を浴びているが、氏の経歴からするとそれでもまだ足りないようにも思える。

その後2017年11月には、公益財団法人日本ゲーム文化振興財団の代表理事となり、若手ゲームクリエイターへの支援を行う活動を展開。2018年にはマレーシア（ジョホールバル）に拠点を移し、新しい形でゲーム開発に関わっている。

2020年に開設したYouTubeチャンネル「世界の岡本吉起Ch」では、過去の苦労話やヒットゲームの条件など、興味深い話を披露。またコロナウイルスの蔓延によるロックダウン（都市封鎖）が続くマレーシアの近況（2020年4月現在）にも触れており、そのメッセージに注目が集まっている。

（石井ぜんじ）

# 足立靖

YASUSHI ADACHI

“

僕たちが何者なのかと言われたときに、「過去に『サムライスピリッツ』を作った人たち」ではなくて、「あの人たちに仕事を頼んだら、なんでもサムライとか忍者にしてくる」と言われる方がいいかなと思います。それが作家性ではないかと。

”

ビデオゲームは１９７０年代に世に生まれて以来、ハードの進化とともにその姿を変えてきた。その過程でさまざまなゲームが生まれ、人気を得て、それぞれの時代を築いていった。80年代はシューティング、キャラクターアクション、スポーツゲームなど、現在のビデオゲームの基本的なジャンルが生まれた時代である。

この頃はまだハードのスペックが低く、ゲームの開発は少人数で行われ、完成するまでの期間は短かった。２０２０年現在と比べればはるかにリスクが低く、比較的自由にゲームを開発できた時代だと言えるだろう。

90年代になると、ゲームセンターには対戦格闘ゲームの大ブームが起こり、その流れは10年あまり続くことになる。筆者は当時アーケードゲーム専門誌『ゲーメスト』の編集長をしていたが、この対戦格闘ゲームの大ブームのおかげで、発行部数は大幅に伸びた。

『ゲーメスト』は対戦格闘ゲームを開発しているメーカーと連携を取り、さまざまな企画や雑誌記事でブームを盛り上げていった。この時に交流を深めたのが、当時人気を集めていた『餓狼伝説』『サムライスピリッツ』『ザ・キング・オブ・ファイターズ』の各シリーズを開発した、ＳＮＫというメーカーである。

当時SNKとは、格闘ゲームのムック本、全国大会の開催など、さまざまな企画で付き合いがあった。しかしなぜか当時、剣戟対戦格闘の名作『サムライスピリッツ』（1993年）の開発メンバーとは、お会いする機会がなかった。忙しさにかまけているうちに、時代は流れ、ビデオゲームを取り巻く環境は大きく変化する。

2020年現在、ユーザーに求められるゲームはワールドワイドに通用する大作、課金システムの充実したスマホアプリ、手作り感のあるインディーズゲームなど、数十年前と比べるとずいぶんと異なるものになった。このように様変わりした今の時代になって初めて、筆者は『サムライスピリッツ』を開発した足立靖氏とコンタクトを取る機会を得た。

今回足立氏にお話を伺うことができたのは、本当に僥倖であった。80〜90年代当時の疑問のいくつかに納得を得ることができ、興味深いお話をお聞きできた。足立氏のゲーム業界での歩みを知ると、ゲーム作りの大きな変化について、改めて実感する。

時代や環境の違いを超えて、〝ゲームを創る〟というのはどういうことなのか。このインタビューには、その問いに対するヒントがいくつも隠されていると思う。それを少しでも感じてもらえれば、インタビュアーとしては幸いである。。

**石井**　『サムライスピリッツ』はSNKの人気シリーズですが、僕はその1作目である『サムライスピリッツ』が発売された当時、アーケード専門誌ゲーメストで編集長をしていました。同時に『サムライスピリッツ』担当の攻略ライターでもあり、作品を盛り上げる企画を考える立場でもありました。このとき開発者の方とお会いしてインタビューできればよかったのですが、なかなか機会に恵まれませんでした。今回『サムライスピリッツ』のディレクターを務められた足立さんとお会いできて、とてもうれしく思います。

**足立**　そうですね。僕らも当時『ゲーメスト』を読んでいたので、ここでお会いできたことは感慨深いものがあります。

**内山（本誌編集者・スタンダーズ編集部）**　それでは本日はよろしくお願いします。

## デパート屋上のゲーセンに通った学生時代

**石井**　足立さんがSNKに入社する前、ビデオゲームと出会った頃のことを教えてください。

**足立**　学生の頃、僕は今でいうゲームオタクで、ずっとゲームセンターに入り浸っていました。よく行っていたのは奈良の田舎にあった、ダイエーの屋上にあるゲーセンです。

そのゲーセンにいた店長のおじさんが、本当にいい人だったんです。おじさんはマイコンを持ってきてテーブル筐体の上に置いて、僕たちに「ここで遊べ」と言ってくれました。当時のマイコンは、テープドライブでゲームを走らせていたBASICの時代でした。お金がない子どもたちは、そこでずっと遊んでいたものです。振り返ってみると、あのおじさんの存在はとても大きかったと思います。

**内山**　そのおじさんは、なかなかすごい人ですね。

**足立**　おじさんとしては、自分の好きなものを知ってもらおう、勉強してもらおうという感じだったと思います。雇われの店長さんだと思うんですけど、会社に隠れて勝手にやっていたんじゃないかと。歳は僕よりも30歳ぐらい上なので、もう7～80歳くらいになられているでしょうね。

**石井**　自分もそうでしたが、学生の頃にどんなゲームで遊んでいたかというのが、その後にけっこう影響するように思います。足立さんはどのような作品に影響を受けてきましたか？

**足立**　印象に残っているのは、やはりナムコの『ゼビウス』（１９８３年）ですね。

**石井**　80年代前半にゲームセンターに行っていたプレイヤーからすると、『ゼビウス』は伝説のＳＦシューティングですからね。自分も『ゼビウス』がなかったら、ビデオゲームにここまでのめりこまなかったかもしれません。

**足立**　『ゼビウス』はゲームそのものにも衝撃を受けましたが、店にソルバルウ（注：『ゼビウス』の自機の名前）のＰＯＰが吊ってあって、それがとてもかっこいいなと思いました。僕はＳＦオタクでもあったので。

　あまりにソルバルウのＰＯＰがかっこいいので、ゲーセンのおじさんに話しかけたら、ナムコの営業の人の名刺を見せてくれました。その名刺に書かれた住所を写させてもらって、ファンレターを書いたんです。そうしたら自宅に、大きな小包が届きました。その中には『ゼビウス』と『ディグダグ』（１９８２年）のＰＯＰ、取扱説明書、膨らませることができる〝プーカ〟（注：『ディグダグ』の敵キャラクターの名前）のバルーン人形などが入っていました。

**石井**　それはすごいですね。当時のゲーマーとしては、そのお宝が羨ましい（笑）。

**足立**　その時初めて僕は「ゲームを作っている人がいるんだな」と実感したんですよ。当時は今のように情報もなく、ただゲームを遊びにゲーセンに行っているだけだったので、そんなことは考えてもいませんでした。ゲームを作る側の目線でフォーカスし始めたのは、その頃からです。

**石井**　それが足立さんの、ゲーム業界人としての第一歩だったのかもしれませんね。その他にも好きなゲームはありましたか？

**足立**　『ディフェンダー』（1981年・ウイリアムス）がめちゃくちゃ好きでしたね。グラフィックのセンスと、あのチュン、チュンという効果音が良かったです。

**石井**　洋ゲーには日本のゲームにはない、独特のセンスがありますね。

**足立**　そうですね。その他に好きだったのは、海外の斜め見下ろし型のファンタジーで……。

**石井**　それは『ガントレット』（1986年・アタリ）のことですか？

**足立**　そう、その『ガントレット』です。すぐ名前が出てこないのにびっくりしてしまいますね（笑）。

**石井**　『ガントレット』は固定画面の迷路脱出ものですけど、4人同時で遊べるアーケードゲームのはしりですね。僕もゲームセンターで、エルフを使って遊んでいました。

**足立**　またこれはSNKに入社してからの話になりますけど、『クラックス』（1990年・アタリ）も大好きでした。

**石井**　正面から見た視点で、奥からやってくる板を消していくパズルゲームですね。

**足立**　なぜ僕は『クラックス』をこんなにやり続けるんだろうと不思議でした。考えてみると、ガチャン、ガチャンと音がする、あの気持ちのいい瞬間が連続していくところが理由なのかなと。

この感覚は『サムライスピリッツ』にも影響を与えています。60分の1秒が連続している先に、気持ちがいい3分から5分の時間があるんです。

僕は音楽のジャンルで言うと、テクノが好きです。聞くのが好きというよりは、その曲の成り立ちが好きですね。テクノは単音とかノイズが連なって、最後にはクラシック音楽のようになっていく感じがあるじゃないですか。それを逆に分解していくと、最後単音になって、ノイズにまでなる。『サムライスピリッツ』も同じ感覚です。とにかく戦っている最中の一瞬、一瞬をどこまで気持ちよくするかということを考えて、それを連ねて対戦の時間を演出する感じです。

**石井**　なるほど、『サムライスピリッツ』の演出の一端が、少しだけ分かった気がします。洋ゲーからヒントをもらって和ゲーを作るというのは面白いですね。

**足立**　当時の洋ゲーは、思いっきり自分たちらしく振る舞って、ゲームを作っていたんでしょうね。だから文化的な共通点もないのに、ものすごい衝撃を僕たちに与えてくるんだと思います。

## 田んぼの中のプレハブの建物でゲームを作った日々

**石井**　その後足立さんはＳＮＫに入社されますが、その経緯を教えてください。

**足立**　友達から、江坂にある新日本企画（ＳＮＫの旧社名）という会社を受けたという話を聞きました。そこでその会社を調べたら、ゲームの会社と書いてあるじゃないですか。それで自分も好きなことをやろうと思って、1週間くらいで企画書を書いて持って行きました。そうしたらその日のうちに受かって「じゃあ明日から来てね」と。

**内山** すごいですね。その当時、入社前にゲームの企画書を作ったというのは。

**足立** その企画書は今でも実家に残してあります。『タイムソルジャー』という名前の、時間を飛び越えていく少年のお話でした。設定やゲーム画面の絵を含めて、20ページぐらいありました。

**石井** なぜその時点で、ゲームの企画書を作れたのでしょうか。

**足立** 入社前は外から見ていただけですけど、ゲームの作り方というのは考えていました。企画をやれたのはそのおかげだと思います。入社した後も、ゲームの作り方を誰も教えてくれなくて、当時はみんな手探りでやっていました。

**石井** 入社されたころの、SNKがあった江坂周辺はどのような感じでしたか？

**足立** 当時の江坂には、東急ハンズはありましたが、その向こうはずっと田んぼでした。その他には、小学校と住宅地がぽつんとあるだけで。

**石井** 今の江坂はビジネス街といった感じなので、ちょっと想像ができないですね。僕が最初に江坂に行ったのは、ちょうど『餓狼伝説2』（1992年）が流行っていたときでした。

**足立** その頃にはSNKが工場やビルを建てたりして、もうだいぶ田んぼが減っていました。僕らが入社したころは、まだどこもかしこも田んぼだらけです。おじさんが田植えをしている横に建っていた、プレハブの2階建ての建物でゲームを作っていました。

プレハブの向かいには同じような建物がもうひとつあって、そこには工場がありました。入社して最初にその建物に行ったら、1階のおばちゃんに、「ああ、バイトの子？　はい、これ」って言って、EPROMの古いやつを渡されたんですよ。それで灯油を使ってEPROMのシールを剥がして落とすというのを、一日中やっていました。当時はゲーム会社のことを何も知らなかったので（笑）。

僕が3日ほどROMを洗っていると、がっちりしたおじさんが来て「おまえ、何しとんねん」と聞かれました。「デザイナーとして入った新入社員です」と答えたら「あっちの建物や」と言われて。それが当時の社長でした。そして最初に配属されたのが、『怒』（1986年）を作っていたチームです。そこでFC版『怒』のデバッグをやりました。

**石井**　ビデオゲームに「手作り感」のあった時代ならではのエピソードですね。

**足立**　当時は今に比べると、企画書、予定表、工程表、スケジュール管理、予算管理もざっくりしていて、会社に来て考えたことをやるという感じでした。だからあまり細かい悩みがなかったですね。

**石井**　自分のことで恐縮ですが、僕らが1980年代に出版社で雑誌を作っていたときと少し似ていますね。雑誌を作った経験のある編集者が一人もいない中、とにかく何とかして作ったという感じ（笑）。

**足立**　雑誌もそうかもしれないですけど、当時のゲーム業界はいろんなものがいっぱい出ては消え、出ては消えという状況で、その中で売れたところが定着していったように思います。

**石井**　その頃は今に比べると、ずっと少人数かつ短期間でゲームが作れた時代だと思います。リスクが低く、ヒット作が出れば、一気にお金が入ってくるというところがあったのでしょうか。

**足立**　そうですね。当てたときの利益は大きかったです。90年代になってからはネオジオのMVSというシステムが良くできていて、そこで利益を出せました。だからお金のことは、あまり心配していなかったかもしれません。

## グラフィッカーとしての最初の仕事は『サイコソルジャー』

**石井** 本格的にゲーム開発に関わったのはどの作品からですか？

**足立** メインの仕事として最初にやったのが、『サイコソルジャー』（１９８７年）のグラフィッカーでした。いわゆるオブジェクトやキャラクターを描く仕事ですね。ＳＮＫではフロントという言葉を使っていましたけど。

**石井** 足立さんは企画ではなくて、いわゆるグラフィックデザイナーとして入社されたんですか？

**足立** そうですね。僕の前に入社していた友達が『サイコソルジャー』のかわいらしいイラストを描いて、僕の方がドット絵をやりました。『アテナ』（１９８６年）のイラストを描いたのも彼です。

当時は『怒』が売れていたので、『サイコソルジャー』も最初は斜め上からの見下ろしの視点で作るという話でした。それを僕が「絶対やめてくれ、横からの視点で描かせてくれ」とお願いして、あのような形になりました。

**石井** それはどうしてですか？

**足立** 正直に言うと、斜め上から描くのは大変だからです（笑）。

それまで僕は、パソコンを使わないグラフィックデザインの勉強しかしてきませんでした。カラス口を使ってレタリングをやっていた人間が、入社してすぐに斜め上見下ろし視点で、女の子がぐるっと回るのをドット絵で描くのは……めちゃくちゃ難しいですよ。8方向すべてのグラフィックを、32×32ピクセルの中ですべて手描きしないと駄目なので。

**石井**　確かにまだパソコンも普及していない当時、入社直後にドット絵を描くのは大変ですね。斜め上視点だとキャラクターを引き立てるのは難しいですし。

**足立**　この『サイコソルジャー』の仕事を含めて、プレハブの建物に2~3年ぐらいはいましたね。その後に別の建物に引っ越したんですけど、今思えばプレハブの時代は楽しかったです。

## ゲームの本質について考えさせられた『航空騎兵物語』

**石井**　グラフィッカーから企画、今の言葉で言うとディレクターになったのはどの作品からでしょうか。

**足立**　最初にディレクターとしてやったのは『航空騎兵物語』（1988年）です。映画『地獄の黙示録』を観に行ったときに衝撃を受けて、そのイメージで企画を立てました。

しかしそれまではデザイナーだったので、内部のコントロールがなかなかできませんでしたね。企画書は作れるんですけど、実際にゲームを作った経験がないので、敵のアルゴリズムとか、そういうものに対する知識がまったく身についていませんでした。

開発が始まって2~3ヵ月経ったところで、敵のヘリコプターがビューンと出て、自分がバンバン撃てる状態のプロトタイプができたんですよ。でも実際にやってみると、全然面白くないんです。

そのときに、僕の上司から「ちょっとこのゲーム、1週間ほど何もしないで貸しておいて」と言われました。その間、上司とプログラマーが何かごちゃごちゃやっていて、1週間経って遊んだら、面白くなっていたんですよ。そのことにめちゃくちゃ腹が立ちました。自分に腹が立ったということです。

彼らはどこをどう変えたかなんて、何も教えてくれないんです。そこで僕は、出てくる敵の挙動をじっくり観察しました。自機を何もせずに置いておけば、敵はアルゴリズムに沿って勝手に動くじゃないですか。それを何パターンも書き出して、なんとなくその理屈を見つけました。その時に初めて、「こうやってゲームは面白くなるのか」と分かったんです。

**石井** そこでいわゆる〝ゲーム性〟について深く考えるようになった、という感じでしょうか。

**足立** そうですね。そのときはすごく辛い思いをしたんですが、そこでやっと「ゲームクリエイターになった」という気がしましたね。それまでは、ただ作っている人のそばにいただけだったように思います。

今でもゲームの企画というと「『ファイナルファンタジー』シリーズ（スクウェア）みたいなものを作りたい」という若い人を見かけます。そういう方たちは、やっぱりゲームの中身がわかっていないことが多いのではないかと思います。

**内山** そのときの体験は、足立さんにとっては大きかったんですね。

**足立** それまでは「俺でもゲームが作れる、世界で自分が一番だ」と本気で思っていたところがありました。あまり良くない性格だったと思います（笑）。

**石井** なかなかそう思い込まないと、前に踏み出せないところもありますよね。

**足立**　でもそれではやっぱり嫌われますよ。だって「自分が1番や」と言っているんですから。だから昔の『サムライスピリッツ』チームのメンバーに会うたびに、まずおわびから入ります。「本当にすいませんでした」と。もうそれが慣例になっています（笑）。

## 自分も強く、敵も強くという発想

**足立**　その後にゲームの作り方を覚えたと感じたのは、『バミューダトライアングル』（1987年）のときですね。この作品は自機がかなり大きくて、そのぶん攻撃力も強いゲームでした。そのためにプレイ時間が長く、（ロケテストでの）インカムが悪くなったんですよ。

そのときに開発の連中が集まってどんな対策をしたかというと、自機を小さくしたんです。そうしたら当時の社長がやってきて「誰だ小さくしたヤツは」と怒られました。「自分が強すぎたときは、自分を弱くするんじゃない。敵のほうをもっと強くしろ」と。

それを聞いたときに、「これは本当にそうだな」と思いました。調整がうまくいかなかったとき、尖ったところを引っ込めるというのも大事なことです。しかし逆に引っ込んでいる部分を尖らせる、強くするという思考は、それまで開発の誰も持っていませんでした。そのときの貴重な経験は、開発のディレクター連中に会った時に、いまだに話題にすることがあります。

**石井**　小さくまとまってしまうバランスのとり方だと、気持ちのいいものにならないことが多いですからね。

ちょっと違うかもしれないですけど、SNKの『餓狼伝説2』をやったときに思ったのが、「『餓狼伝説2』は防御のシステムがあるおかげで、攻撃に迫力が出た」ということです。『餓狼伝説2』にはライン移動、避け攻撃、バックダッシュで無敵になるとか、守りのシステムが多いんですよ。これは『ストリートファイターⅡ』（1991年・カプコン）にはなかったものです。だからあれだけ派手な攻撃をしても、ある程度バランスが取れている。ゲームのバランスというのは、面白いものだなと。

**足立** そうですね。そういう新しい試みを、誰かが最初に思い切ってチャレンジしていく必要があります。そのタイミングには、運のようなものもあると思います。

## イメージ先行で考え、それをなんとかして実現させるという手法

**足立** 『航空騎兵物語』の後に担当したのが『原始島』（1989年）です。前作に引き続きシューティングを担当したんですが、ここではやりたい題材をやらせてもらいました。僕は恐竜オタクだったので、恐竜をテーマにゲームを作ったんです。

当時は出せばほとんどのものが売れた時代なので、ゲームの本当の良し悪しと、セールスの結果が一致しないところがあります。『原始島』でどこまで良いゲームデザインができたかどうか、自分ではよくわかりません。しかしこのあたりからは、ゲームを作るのがだいぶ楽になったように思います。

**石井** 『原始島』のグラフィックと世界観の表現は、当時としてはかなりクオリティが高かった印象がありります。ゲームセンターで、パッと目を引くものがありました。

『原始島』が発売され得た80年代後半のゲームセンターは、海外志向のアクションゲームが多くて、国内市場は低迷していました。UFOキャッチャーがブームになってゲーセンを助けていましたが、人気のビデオゲームが少なく、僕らのやっていたアーケード専門誌『ゲーメスト』の売り上げはかなり厳しくなっていました。そんな中で『原始島』は見た目のインパクトがあるので、これでSNKのゲームを読者に推していける、と思った記憶があります。

**足立**　『原始島』のチームは、後に『サムライスピリッツ』のメイングラフィックを担当したメンバーを含む同じチームです。ここからはずっと"サムスピチーム"でゲームを作っていきます。同じグラフィッカーが絵を描いていました。

**石井**　それは『航空騎兵物語』から引き続いていてということですか?

**足立**　そうですね。『原始島』のメイングラフィックを描いていた人物は『サムライスピリッツ』と同じです。ちなみにナコルルの「大自然のお仕置きよ」というセリフを考えたのも同じ人です。

**石井**　『原始島』をプレイした時は、ラストシーンに登場するティラノサウルスの顔のでかさにびびりました。これは凄い表現だなと。

**足立**　ティラノサウルスの顔は、もともとタイトルバック用に描いた絵なんです。敵としては考えていなかったんですが、最後の敵をどうするかと考えたときに、あの絵をそのまま使おうと。プログラマーには嫌がられましたけどね（笑）。

**石井**　当時の基板の能力では、あの大きさをスプライトでは動かせないですよね。

**足立**　あれは背景に使うBG（バックグラウンド）を書き換えて動かしています。そこに透明のスプライトを置いて、目とかコリジョン（当たり判定）はそっちに付けています。BGにコリジョンは付けられないので。考え方としては、アイデアが先にあって、後からどうやって実現させるかを考える、という組立てです。

『サムライスピリッツ』のアースクェイクのときも同じでした。“アメリカンダーティー忍者”というコンセプトのキャラクターを作るときに、最初にグラフィッカーと相談して大きさを決めたんです。最初は覇王丸の大きさと比べていたんですが、話をしていくうちにどんどん大きくなっていって「これ以上大きくすると画面いっぱいになりますよ」と。でもこの大きさで行こうと、僕の方から言いました。

**内山**　やればできるもんだなあ、という感じですね（笑）。

**足立**　その結果「これだけ大きいとアースクェイクを投げるパターンが作れない」ということになってしまいました。だったらもういっそのこと、「アースクェイクは投げられないことにしましょう」と。もうめちゃくちゃでしたね（笑）。思い付きが先にあって、ゲームバランスを取るのはその後に考える、という感じでした。

**石井**　小さくまとまってはいけないという『バミューダトライアングル』の時の経験が、そこで活かされているんですね。

## 対戦格闘ゲームによって変化したゲーム作りの体制

**石井**　『原始島』を作られた直後にネオジオが出て来て、時代が大きく変わっていきます。この頃はどんな作品を担当していたのでしょうか。

**足立**　最初にネオジオの話が来たときに、ローンチタイトルの候補だったのが『NAM-1975』（1990年）『ライディングヒーロー』（1990年）『麻雀狂列伝』（1990年）の3タイトルでした。僕らのチームは『NAM-1975』を作っていて、AMショーでのお披露目当日の朝まで、ぎりぎりの開発作業をしていました。

**石井**　『NAM-1975』はネオジオで最初に発売された作品の一つで、ガンシューティングのようなTPS視点の戦争ものでしたね。

**足立**　『NAM-1975』も『航空騎兵物語』と同じで、結局は『地獄の黙示録』の世界をやりたかっただけです（笑）。また当時は『カベール』（1988年・TAD）がとても好きだったので、あのゲーム性と『地獄の黙示録』を掛け算して作ったという感じです。

**石井**　なるほど『カベール』ですか。トラックボールで照準を付けて狙う戦争ものですね。それほどメジャーなタイトルではありませんが、当時は一般のプレイヤーに人気があったように思います。

**足立**　この頃はうなされたように、迷いなくひたすらゲームを作り続けていました。

**石井**　この頃から、ずっとディレクターという立ち位置ですか？

**足立**　『サムライスピリッツ』シリーズの3作目まで、僕がディレクターをしています。それ以降はプロデューサーの立場でした。それ以外にも『リーグボウリング』（1990年）、『2020年スーパーベースボール』（1991年）などを作っています。

**石井**　ゲームのジャンルによって、チームの大きさは変わりますか？　1990年代の対戦格闘ゲーム時代になって、以前よりゲーム作りが大がかりになったと思うのですが。

**足立** やはりネオジオで対戦格闘ゲームを作るようになってから、急激に規模が大きくなった感じです。それまでは4~5人ぐらいで作っていた時代が長かったですね。「ゲームは僕らのチームで作るものだ」という意識が強く、人を増やすという思考がそもそもなかったです。今でもインディーズでゲームを作っている人たちは、似たような感じではないでしょうか。

**石井** 今のこの時代になって、ようやくまた少人数でのゲーム作りが可能になってきた感じですね。

**足立** UNITYなどのおかげで、だんだんそういう環境になってきましたね。自分たちで好きなようにゲームが作れれば、やっぱり楽しいと思います。

**石井** 90年代からは対戦格闘ゲーム一色になりましたが、それでも今と比べれば「次は何が出てくるんだろう」という期待感がありました。

**足立** この頃は、今と違ってSNKも他社さんも、思い切ったことができましたからね。だからどんなものが出てくるのか、ゲームショーに行くのが本当に楽しかったです。

**石井** 出てくる作品は新作ばかりでしたからね。

**足立** こんなものが出てきたという驚きは、今のマーケットにはなかなかないですから。ゲーム業界の先輩にあたる、アニメ業界や映画業界も、ゲームと同じように経済成長とセットで駆け上がっていく感じを体験したんだと思います。しかし最終的にみんな日本語で作っているという壁にぶつかって、グローバルになりきれずに国内向けの安定投資に変わってしまいました。

映画業界が国内向けのVシネマみたいな映画ばかりになって、アニメ業界も同じようになっています。アニメは世界がキャッチアップしてくれたので運が良かったですけど、ゲームは国内向けのスマホがガラパゴス的になってしまっていて、国際的な競争力がなくなってきています。

**石井** この当時と比べれば、本当に時代は大きく変わったなとつくづく思います。

## 対戦格闘ゲームの名作『サムライスピリッツ』が生まれるまで

**石井** 90年代初頭には、ネオジオの対戦格闘ゲームが大人気となります。ここからはそのヒット作のひとつ、足立さんが携わった『サムライスピリッツ』についてお聞きしていきたいと思います。

**足立** 『サムライスピリッツ』の開発が始まる前には、モンスターや妖怪が出てくるベルトスクロールアクションの企画を考えていたんですよ。僕はもともとモンスターや妖怪が好きで、ダークヒーローを主人公にしたゲームを作ろうと思っていました。

しかしそんなときにカプコンの『ストリートファイターⅡ』が大ヒットして、「これからは対戦格闘ゲームを作っていこう」という流れになったんです。それで実際に『ストリートファイターⅡ』を遊んでみると、めちゃめちゃ面白くて痺れましたね。

**石井** 僕らはプレイヤーサイドで『ストリートファイターⅡ』の凄さを体感していましたが、開発から見てもこの作品はやっぱりすごいと思いましたか？

**足立** 僕はどちらかというと『マーブルマッドネス』（1985年・アタリ）や『クラックス』のような海外のゲームが好きなんですが、日本の作品でこれだけ衝撃を受けたものはありませんでした。こ

れはとてつもないな、と。

**石井** 当時を知らない人には伝わりづらいと思うんですが、『ストリートファイターII』は既存のゲームと比べて、飛び抜けた感じ、次元が違う感じがありましたね。

**足立** グラフィックもそうですし、ゲームバランスやインカムを稼ぐ仕組みなど、全てがすごかったです。もうこの作品を知らないことには始まらないと思って、筐体を取り寄せて、ディップスイッチを押してコマ送りしながら調べました。全キャラクター分、細かくメモを取って資料を作りましたよ。『ストリートファイターII』だけでなく、『モータルコンバット』（1992年・ミッドウェイ）も船で運ばせて解析していましたね。

**石井** 徹底的に研究したということですが、それでも『ストリートファイターII』に匹敵するものを作るのは、とても難しいことだったと思うんですよ。実際に他のメーカーを見ても、全然真似ができていなかったですし。

**足立** 確かにできていなかったですね。

**石井** なぜ『サムライスピリッツ』はそれができたのでしょうか。

**足立** 見た目のガワだけでなく、中身がどうなっているのかまで考えたからかもしれません。それに『サムライスピリッツ』について言えば、チームのメンバーにすごく恵まれたと思います。

## ヒットの確信があった『サムライスピリッツ』独特の世界観

**石井**　ゲーム性の部分では『ストリートファイターⅡ』を参考にしたと言われましたが、世界観や演出の部分は独特ですよね。

**足立**　対戦格闘ゲームを自分たちのノリで作っているときに、ちょうどアニメの『獣兵衛忍風帖』が出てきた記憶があります。

**石井**　1993年公開のアニメ映画ですね。当時ゲームデザイナーになった友人に「これはすごいから観てみろ」と貸してもらいました。

**足立**　あれは伝説のアニメーションですよ。日本ではあまり売れなかったですけど、海外では今でも高く評価されています。『獣兵衛忍風帖』は僕が好きなダークヒーローの話なので、「これだ！」と思いました。モンスターゲームの香りと、バリバリのジャパニメーションのあの感じが混ざったのが『サムライスピリッツ』シリーズの世界観です。この題材なら、確実にいけると思いました。

**石井**　自分の中では、確信をもって作っていたんですね。

**足立**　『サムライスピリッツ』を開発しているときは、確実に売れるなと思いました。野球に例えれば、ボールが止まって見えた、という感じですね。こうやったら売れる、こんな人たちが楽しんでくれると、ぼくら開発チームには作る前からはっきりわかっていました。

**石井**　「こうやったら売れる」というのは、具体的にどんな感じでしょうか。

**足立**　例えば忍者とサムライのゲームだったら、服部半蔵のようなキャラクターを作るのは普通の発想じゃないですか。でもそれだけではなくて、キャラクター容量を稼ぐために同じ忍者のパターンを流用しつつ、男前の金髪忍者にして、犬を連れてセットにしたらどうかと。そうすれば、女の子には絶対人気が出るはずなので。

　またこれは余談ですが、「『サムライスピリッツ』にも不知火舞のようなタイプの女性キャラクターを出さないか」、という話があったんですよ。しかし僕は、慎ましやかに身を包んだ強い女の子に惹かれるのが、オタクの性なんだと思うんです。だから逆にナコルルの服はどんどん分厚くなって、肌を隠すようになっていきました（笑）。

**石井**　それは興味深い話です。確かにオタク的には、あまり露骨な表現は引いてしまうところがありますからね。

**足立**　また音に関しては、「ゲームの中でいつも曲が鳴っているのはおかしい、現実の世の中には曲なんて鳴っていないだろう」ということをサウンドの人たちに言いました。いつでも音を鳴らしているというのは、直線的過ぎる表現だと思うんですよ。あの当時のゲームの曲の使い方は、僕にとってはすごく嫌でした。

　そこで「曲が鳴っていなくても面白くしたい」という無茶な要望をサウンドの人たちに出したんですよ。そうしたら彼らが凄く頑張って、良い塩梅で効果音だけのステージを作ってくれました。僕の期待にうまく応えてくれたと思います。

　今思えばですけど、僕の脳内に描いていた理想のビジュアルを、当時の開発ツールでやらされていたチームのメンバーは大変だったと思います。僕はイメージがあったので、だんだんゴールに近づいていく感じでしたが、周りの人はストレスがいっぱいあったんじゃないかと。ゲームの部分では「『ストリートファイターⅡ』のような対戦格闘ゲームになっている」というのは分かったと思います。しかし最終的にどんな雰囲気のゲームになるか、分からないまま作っていたんじゃないでしょうか。

## 原点回帰を目指した『サムライスピリッツ斬紅郎無双剣』

**石井**　『サムライスピリッツ』は売れると確信して作ったとのことですが、結果的には全国的な人気を得ることができました。その後のシリーズ作品についてはどのように関わっていかれたのですか。

**足立**　ディレクターとしてやったのは、『サムライ』シリーズの3作目までです。2作目の『真サムライスピリッツ』（1994年）は、1作目の路線を引き継いで作りました。3作目の『サムライスピリッツ斬紅郎無双剣』（1995年）では、一転して原点回帰を目指しました。僕はもともとダークヒーローが好きだったので、今度はその路線で行こうと。しかし原点回帰をするときって、シリーズが終わるときが多いじゃないですか。今思えばそこは変えずに、歌で言うとサザンオールスターズみたいな、定番にすれば良かったなと思います。

クリエイターというのは、安定的にマーケットとキャッチボールができる人が素晴らしいんだと思います。作ったものをお客さん目線で見て、次はこうだというように直していける人ですね。しかしどうしても自分がやっていることに飽きてくるので、手を変え、品を変えやり始めてしまうんです。

**内山** 作っているほうが、プレイヤーより先に飽きてくるという感じですか？

**足立** 面白くしようとして変えるのではなくて、だんだん変えること自体が主な目的になってくるんです。わざとやっているわけではないんですけど。

**石井** それはなかなか難しいところですね。他のメーカーの方にお聞きしても、一度成功して同じシリーズをずっと作っていると、もう作りたくなくなってくる、という話をよく聞きます。「早く別のゲームを作りたい」と。

**足立** 今から振り返っても、当時の僕では同じ路線をキープするのは難しかったと思います。その意味で『ザ・キング・オブ・ファイターズ』（以下ＫＯＦ）のチームは凄いなと。

**石井** 『ＫＯＦ』シリーズは、システムはいろいろ変わっていますが、それでも同じシリーズという印象があって、ファンがそう思ってやってくれているところがありますね。

**足立** あれが達人の仕事なんだと思います。

## ＳＮＫを退社後にさまざまな経験を積む

**石井** 『サムライスピリッツ』シリーズ以降は、どのような作品に関わっていましたか？

**足立** 『サムライスピリッツ斬紅郎無双剣』を手掛けた後は、基本的にはプロデューサーの立場になりました。その中で例外的に、ディレクター的な立場で関わった作品に『ＣＯＯＬ ＣＯＯＬ ＴＯＯＮ』（２０００年）があります。

**石井**　2000年にドリームキャストで発売された音ゲーですね。僕は一時ファミ通ドリームキャストでライターをしていたので記憶にあります。

**足立**　SNKの作品としては、少し変わったタイプのゲームです。SNKは格闘ゲームやアクションが多いので、アニメーションができるようなキャラクターIPを作りたいということで立ち上がった企画でした。

この時入ってきた新入社員に形部一平氏がいます。のちに東京ゲームショーのメインビジュアルを描くようになるイラストレーターなんですが、『COOL COOL TOON』では彼を最初からメインに据えて作りました。新入社員でいきなりメインに登用したのは彼くらいですね。

**石井**　足立さんはその後SNKを退社されたと思うのですが、退社後はどのようなお仕事をされたのか教えてください。

**足立**　F&Cという、美少女ゲーム、いわゆる18禁ソフトを開発しているメーカーにいたことがあります。F&Cが『Pia♥キャロットへようこそ!!』シリーズを作っていた頃ですね。それまではメジャーマーケットばかりやってきたので、ニッチなビジネスを経験したかったんです。自分のベースはオタクですから。

その後は、カプコンの子会社のフラグシップに入社しました。『バイオハザード』シリーズや『鬼武者』（2001年・カプコン）などのシナリオを引き受けていた、シナリオ専門の会社です。

フラグシップでの自分の仕事は、十分に利益を出していたと思います。しかしもっと自分たちらしいやり方をしたかったので、カプコンを退社してエンジンズを立ち上げたという流れになります。

## 横方向に仕事を広げるエンジンズの戦略

**石井** 現在所属しているエンジンズについて、詳しく教えてください。

**足立** 自分たちだけで完パケできるチームではなくて、その都度プロジェクト単位で動いていく会社としてエンジンズを立ち上げました。

**石井** 請け負って、ゲームの中のある部分を作っていくという感じでしょうか。

**足立** そうですね。下請けですが「仕事ないですか」というのではなくて、「こんなのをやりませんか」と提案するプッシュ型のお仕事です。昨今のゲーム業界の流れでオンラインのサービス感覚を入れて、アクションゲームが作れます、サーバ構築からその運営までできます、というチームになっています。

**石井** エンジンズの、得意な分野は何ですか?

**足立** 自分たちのクリエイティブの原点は、日本文化に端を発するサムライや忍者だと思います。だからベースはアクションで、スキあらばサムライや忍者ものを提案していくという感じです。

またエンジンズとしてはもうひとつの柱があって、ゲームで身についたノウハウとか感性を利用して、別のサービスをしようというのがあります。それは子供たちのためのサービスであったり、お年寄りのためのサービスであったりと、あくまでゲームを軸にしつつ、いろいろな新規のチャレンジをしています。

最近はその流れで、新しく〝キッズプロジェクト〟という会社を別に作りました。子供に対して、ゲーム屋の視点で何ができるだろうか、ということです。もうすでに学研さんや教科書メーカーさんと話が進んでいるところです。

**石井**　ゲームに関わる、さまざまな道を模索している感じですね。

**足立**　ゲームを使った事業を、横方向に展開しているというのが今のエンジンズです。あと5年くらいはこういう取り組みで走らせて行こうと思っています。その後は、お金儲けは別のところでやって、ゲームはピュアに、本当に自分たちが世の中に問えるようなものを作れるようにシフトしていくつもりです。

**石井**　今の業界の流れでは、なかなか仕事として自分たちのやりたいことが成り立ちにくいといったことなのでしょうか。

**足立**　今はトリプルエー（AAA）タイトルを引き受けるような大きなチームでないと、社会としてニーズがないように思います。他にはインディーズのような、本当に良いものを作品として世に問う、という路線がありますが、それ以外はもう必要としていないんじゃないかと。そこそこ売れているマンガをアクションゲームにしましょう、という中途半端なニーズは、これからどんどん厳しくなっていくのではないかと思うんです。

ニーズがないのに、食っていくためだけにゲームを作る、というのは嫌なんですよ。やっぱり僕たちはゲームが好きなので。自分たちらしいゲーム作りをするために、今は他に食べていける場所を作っているという感じでしょうか。

**石井**　もうメジャータイトルに挑戦しようとは思わないですか？

**足立**　大きなタイトルを引っ張って、作っているほうが仕事的には楽ですよ。大きなタイトルを始めたら、3年間それだけをやれますからね。

しかしいまさらソシャゲでガンガンやっていくといっても、そこで本当に自分らしいもの作りができるかといったら、それはやっぱりできないと思います。アクションを伴ったものはうまく作れますが、そういうニーズは今の社会では少ないですし。

その点、各メーカーで活躍している方たちは偉いなと思います。大変でもちゃんと資本を引っ張って、上手くやっている人がいます。それでもなかなか自分の色を出しにくい時代になってきていますよね。マーケティングが命の社会になってしまっている。そうするとクリエイターの個性というのは、上っ面の見た目と、ごく一部の仕組みのようなところにしか残らないように思います。

**石井**　やっぱりそういうところは、90年代ぐらいまでのゲームづくりと比べると全然違いますね。

**足立**　そうですね。とはいっても、「僕はこういう道を選んだ」というだけのことです。自分らしさを担保して、長くゲームを作り続けていきたいと思ったときに、こういう選択をしたということです。子供向けや、自分たちらしいゲーム作り、経験を活かした優しいゲーム作りという世の中の需要は、まだ長く続くはずなので。

ただそういうことをやっていると、やっぱりグローバルに大ヒットを打つ感性というのは損なわれますね。それは常に厳しい風に当たってぶつかり合っていないと、身につかないです。しかし僕らがやらなくても、やってくれる人がすぐ後ろに控えていますから。僕らのほうは、やる人があまりいないところをやっていこうと。

## 『サムライスピリッツ』チームの〝スピリッツ〟を伝えていきたい

**石井**　ここまでざっくりと、足立さんのゲーム業界での歩みを振り返ってきました。あらためて、足立さんのゲーム作りに対するアイデンティティー、作家性というものは、どんなところにあると思いますか？

**足立**　僕たちのチームや、その周辺にいてくれた人たちが何者なのかと言われたときに、「過去に『サムライスピリッツ』を作った人たち」ではなくて、「あの人たちに仕事を頼んだら、なんでもサムライとか忍者にしてくる」と言われる方がいいかなと思います。きれいな言い方をすれば、それが作家性ではないかと。

例えば北野武さんに対して仕事を頼むときには、絶対に北野武カラーを期待して頼むと思うんですよ。でも大きなゲームタイトルの場合、それはなかなかキープできません。例えば超メジャーなマンガのアクションゲームを作っていると、ゲームの作り手のカラーなんて期待されていなくて、そのマンガのカラーを期待されているだけですよね。自分たちの色を出すには、かなり考えないと難しい。

**内山** 大人数が関わるビッグタイトルだと、一人一人の仕事や個性というものは、なかなか表に出てこないですからね。

**足立** 僕らは今、2020年に発売予定の『サムライスピリッツ ネオジオコレクション』の仕事を少し手伝っています。なぜこの仕事をしているかというと、これまで『サムライスピリッツ』に関わっていただいた方とのつながりを、もう一度復活させたいからです。こういう人たちが作ったり、売ったり、宣伝したりしてくれたんだと。僕らはチームで作ってきたので、やっぱりごく一部の人しかフォーカスされないのは面白くない。それぞれ「俺が作った、これを作った」とみんなが言える感じにしたいなと。

**石井** 足立さんだけでなく、ほかの多くの人たちがどんな色を出してゲームに関わってきたのかを、見えるようにしたいということですね。

**足立** そういうことですね。そういうわけで、SNKの格闘ゲームが復活しつつあるこのタイミングでインタビューの話が来たというのは、とてもうれしいことなんですよ。

**石井**　『サムライスピリッツ』の発売から30年近く経ちますが、ここでお会いできたというのは、どこか不思議な巡り合わせを感じますね。

**足立**　そうですよ。当時お会いできなかった石井ぜんじさんと、２０２０年にこうやって話しているというのは、感無量なところがあります。これからも、この良い流れを大事にしていきたいと思いますね。

（インタビュー収録：２０２０年３月）

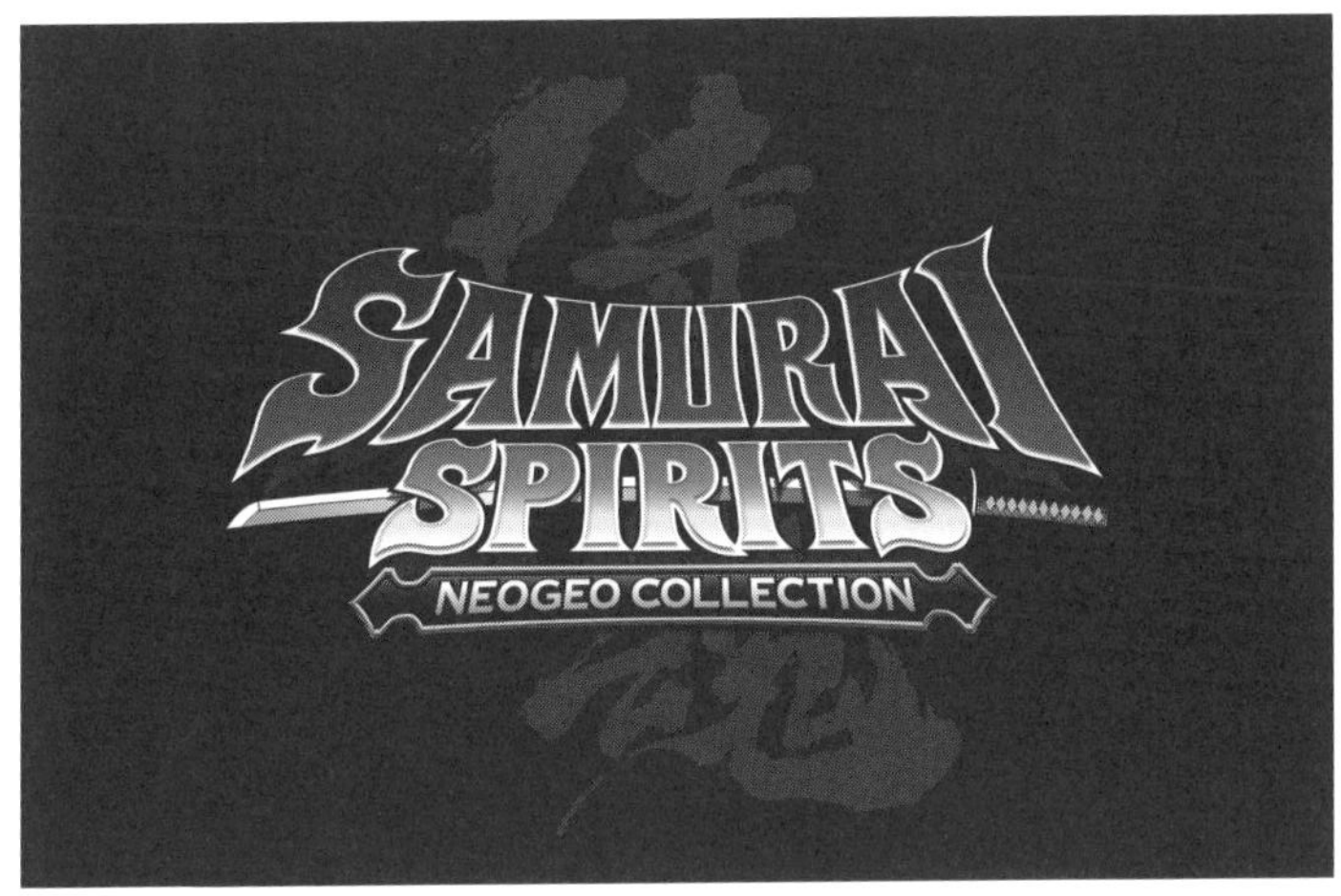


2020年内の発売が予定されている『サムライスピリッツ ネオジオコレクション』。

# 第二章

# ゲームセンターに思い入れた男たち

この章では、学生時代にゲームセンターで遊び、その当時のゲームへの想いを仕事として昇華させた2人のインタビューを紹介する。

最初に紹介する濱田倫氏は、株式会社ハムスターで古き良き時代のアーケードゲームの移植を進める人物である。近年では、“アーケードアーカイブス”のブランドの元に、様々なプラットフォームに大量のタイトルを復刻している。濱田氏のインタビューは、2017年に刊行された電子書籍、『VE』Vol.1で取材したものである。

次に紹介するえび店長こと海老原肇氏は、東京都江古田にある個人経営のゲームセンター、Game in えびせんの店長である。小規模のゲームセンターが次々と消えていく厳しい時代の中で、えび店長は昔ながらのスタイルのゲームセンターを開業。多くのファンに支えながら経営を続けている。えび店長のインタビューは、2018年に刊行された電子書籍、『VE』Vol.2で取材したものである。

ビデオゲームと人の関係性は、新作を作る側と遊ぶ側という形だけではない。復刻と遊び場の提供という形に情熱の注ぎ場所を見出した者の仕事ぶりを、ここに記しておこうと思う。

Chapter Two

## Game Center

# 濱田倫

SATOSHI HAMADA

“今後、時代の中で埋もれて、権利がどこにあるのか分からなくなってしまうタイトルが出てくる危険があると思います。そうしないためには、今はラストチャンスじゃないか、という気がしているんですよ。”

近年は、80～90年代のビデオゲームの復刻が静かなブームとなっている。このブームは、復刻タイトルの寸分たがわぬ高度な移植によって支えられているといってよい。２０００年以前にも復刻タイトルは存在したが、その質は低く、当時のゲーム性を正確になぞったものはあまり存在しなかった。

株式会社ハムスターの進める〝アーケードアーカイブス〟は、当時ゲームセンターにあったゲームと寸分たがわない、ハイクオリティの移植が特徴だ。〝アーケードアーカイブス〟はプレイステーション４を始めとして、Ｘｂｏｘ Ｏｎｅ、任天堂Ｓｗｉｔｃｈでも展開している。

このインタビューが行われたのは２０１７年の5月だが、その時点でタイトル数はのべ97タイトルに及んでいた。その事業はさらに継続され、驚くべきことに、２０２０年４月の時点でのべ６００タイトルを超えるまでになっている。

この異常なまでの熱意は、いったいどこから生まれてくるのであろうか。積極的にこの事業を進める濱田倫社長に、復刻ゲームに賭ける熱い想いをお聞きした。

## 以前は月に1本でしたが、今は毎週何本かリリースしています！

**石井**　ハムスターでは〝アーケードアーカイブス〟として多くのアーケードゲームを家庭用ハードに移植していますが、以前に比べるとかなりタイトル数が増えてきましたね。

**濱田**　おかげさまで、だいぶラインナップが充実してきました。

**石井**　PS4で〝アーケードアーカイブス〟をやり始めた頃は、80年代のゲームを少しずつ出していく、というような感じだったと思うんですが。

**濱田**　つい最近になりますが、SNKのネオジオ作品の配信がスタートしました。ここまで13週、連続で配信しています。それまでは月に1本か2本、というペースだったんですが、今は毎週タイトルをリリースさせていただいています。最初はPS4だけでしたが、今はXbox Oneと、Nintendo Switchでも始めさせていただいて、全プラットフォーム合わせると延べ97タイトルぐらいになっています（註：取材時は2017年5月）。

**石井**　もう90タイトルを超えましたか。

**濱田**　来週で100タイトルになる予定です。

**石井**　一気に増えましたね。

**濱田**　そうですね。以前コナミさんのタイトルをぜんじさんに見ていただいていた頃は、月に1本か2本かというペースでした。おかげさまでユーザーの皆さまにもよく遊んでいただけるようになってきたので、開発体制も強化しました。もっとたくさん出して世に残していきたいので、今年からさらに加速してやっています。

**石井** それだけ今は、〝アーケードアーカイブス〟が軌道に乗ってきた、というわけでしょうか。

**濱田** そうですね。

## アーケードゲームの移植に賭ける、その熱量の原点とは

**石井** 〝アーケードアーカイブス〟というシリーズで、アーケードゲームを移植しようと思った原点、というものをお聞かせいただければと思います。

**濱田** 個人的な話ですが、僕は昭和44年生まれで、今47歳なんです。『スペースインベーダー』(1978年・タイトー)が発売され、流行していたのが、小学校4年生の頃でした。

最初に『スペースインベーダー』をやったときは、とてもびっくりしました。レバーを動かしたら画面の中にいる自機が動く、ということにまず驚きました。こんな凄いものが世の中にあるんだって。当時は近所にゲームセンターがなかった時代だったので、喫茶店にあったテーブル筐体で遊んでいました。

**石井** 『スペースインベーダー』が大ブームだったときは、いろんなところに置いてありましたよね。

**濱田** そうですね。

**石井** 僕は近所の駄菓子屋みたいな個人商店のところに、1～2台入っているのを見たことがあります。当時はコンビニがなかったので、その代わりに個人商店がけっこうあったんですよ。あと友人の

家に『スペースインベーダー』があって、そこで遊んでいました。友人の親戚が喫茶店をやっていたらしくて、もらったらしいです。

**濱田** 家にインベーダーがあったんですか？　すごいですね。

**石井** その頃僕は中学生ぐらいだったと思うんですけど、基板につけてもらったボタンを押して、タダでゲームを遊んでいました。

**濱田** うらやましいですね。

**石井** でもやっぱりタダでやると気合が入らないので、ゲームセンターでやるのとは違うものになりますよね。気軽にできるのはいいんですけど。その意味では移植されたゲームと近い感覚になるというか。濱田さんは、その後どのようなゲームを遊んできたのでしょうか。

**濱田** 当時家で遊べるものとして〝ぴゅう太〟があり、その後ファミコンが出てきたわけですけど、自分の家はそういうゲーム機を一切買ってもらえない家庭だったんです。友達はファミコンを持っていたので、友達の家に行ってゲームをやらせてもらっていました。

僕は中学、高校とサッカー部に入っていたんですが、雨になると、練習が筋トレだけになるんです。筋トレになると、いつもより早めに部活が終わるんですよね。そのとき帰りがけに武蔵小山のゲームセンターに行くのが、当時の唯一の楽しみでした。そこではゲームを1プレイ20円で遊べたんです。部活はしんどかったんで、それが最高の娯楽だったんですよね。

家庭用ゲーム機を持っていなかったので、ゲームセンターで遊ぶということに対して、異常なまでの喜びを覚えていました。ゲームに対しての憧れというんですかね、原点としてそういう強い想いがありました。

**石井**　その頃はどんなタイトルを遊んでいたのか、覚えていますか？

**濱田**　当時は80年代前半だったので、日本物産（ニチブツ）の『クレイジークライマー』（1980年）とか『ムーンクレスタ』（1980年）をやっていましたね。あとはコナミさんの『タイムパイロット』（1982年）や『スクランブル』（1981年）。まだ全体的に画面が黒いゲームが多かったと思います。

**石井**　当時はゲーム画面の背景がちゃんと描かれていなくて、黒かったんですよね。

**濱田**　そうです。そこからコナミの『グラディウス』（1985年）『グラディウスII』（1988年）、ぜんじさんにも縁の深いタイトーの『ダライアス』（1987年）がゲームセンターに出てきました。このあたりの最新ゲームは、1プレイ100円でした。部活帰りの学生にとってはプレイ料金が高くて、一緒にいた仲間のうち誰か一人がやるかやらないか、という感じだったんですよ。誰かが「俺、今日は『グラディウスII』をやってみる」って言うと、みんなでその後ろについて「すげえこのゲーム、こんなにグラフィックがきれいなんだ」というように。1コイン100円で、10人ぐらいが同時に楽しんでいたんですよね。

**石井**　それは分かる気がします。僕の周りでも、あの当時はそんな雰囲気がありました。

**濱田**　それが終わると、今度はみんなで10円、20円で遊べるゲーム、もっと奮発して50円ぐらいで遊べるゲームを遊んでいました。古いゲームが置かれているコーナーは、プレイ料金が低かったんです。実際によくプレイしていたのは、『タイムパイロット』とか『スクランブル』でしたね。『グラディウス』つながりで同じタイプの横スクロールシューティングをやりたいときは、代わりに『スクランブル』をやるというように。

そういう感じだったので、今〝アーケードアーカイブス〟で『グラディウス』を移植させていただいているのは、特別な思いがありますね。昔と違ってソフトを買ってしまえば、何度でもお金を入れずに遊べるじゃないですか。そういった過去の経験があるので、僕はコインを入れるボタンを押すときに、異常に興奮するんですよ。

**石井** もともとゲームセンターにあったゲームなので、クレジットを入れるというのは特別な意味がありますからね。

**濱田** 『グラディウス』や『グラディウスⅡ』は、1プレイ100円なので当時は高嶺の花でした。それどころか『ダライアス』は、行っていたゲームセンターだと200円だったんですよね。

**石井** 『ダライアス』は大型筐体なので、1プレイ200円のところがあったかもしれないですね。基本的には1プレイ100円だったと思いますが。

**濱田** 『ダライアス』も何回かは遊びました。あの筐体は振動するじゃないですか。それを感じたいので、誰かがやるときには、みんなであの長い椅子に座っていました。「ああっ!震えるっ!」って。

**石井** 『ダライアス』の筐体は画面が横に長くて、席が二つ分あるので他の人も座れるんですよね。だから僕がプレイするときは、仲間が一緒に座っていました。ボディソニック機能があるので、椅子に座っていると下のほうから重低音が響いてくる。

**濱田** 『ダライアス』では、頑張って詰めて座れば3人ぐらいは座れました。そういう憧れのゲームにクレジットを存分に入れることができる自分が、凄く成長したなって思えて、何か異常に興奮するんですよね（笑）。僕はアーケードゲームが大好きだったんですけど、当時はあまり遊べなかった。それがトラウマのようになっていて、今こんなに仕事を一生懸命やっている原動力になっている。そんな感じです。

## 少しでも生き延びて、長くゲームを遊びたいと思う気持ち

**内山（本誌編集者・スタンダーズ編集部）** 『グラディウス』はどのくらい長く遊べたんですか？

**濱田** いや、われわれのような貧乏学生はそんなにたくさんプレイできないじゃないですか。攻略もできないので、基本的にみんな下手なんですよね。

**石井** 進めても3面ぐらいまでですか？

**濱田** やっぱりそのくらいですね。『スクランブル』や『タイムパイロット』で鍛えた腕を『グラディウス』にぶつけるんですけど……。『グラディウス』は覚えなきゃいけないところがいくつかあるじゃないですか。例えば2面のザブの避け方とか。貧乏学生では、そういう攻略まではできなかったので、腕前はひどいもんでした。もうとにかく、一秒でも長く遊ぶことが目標だったので。

**石井** 当時のゲームセンターのプレイヤーは、みんな少しでも長く遊びたいと思っていましたからね。

**濱田** そうです。

**石井** でもお店を経営するオペレーターの立場としては、とにかく早く終わって欲しいというのがあ

ったので、シューティングゲームの評価はそれほど高くなかったんです。特に『ダライアス』は筐体の値段が高いし。『グラディウスⅡ』はあんなに鳴り物入りで出たのに、長く遊ばれてお金が入らない、と言われたりしたんです。プレイ時間が長いと言っても、十分に償却ができるくらいには稼いでいたはずなんですけど。

**濱田**　ええ、そうですね。

**石井**　やっぱりある程度長く遊べないゲームは、みんなやらなかったですよね。誰かが長く遊んでいると「うまくなれば長く遊べるのかも」っていう、そういう希望が見えるから遊ぶわけで。

**濱田**　実際に自分が遊ぶときは、少ないお小遣いの中から断腸の思いで100円玉を入れるわけじゃないですか、1回のプレイで、20円ゲームの5回分を入れるわけです。だからその前に、できるだけイメージトレーニングをしたいんですよね。

われわれの仲間がやるときは、みんなで目を皿のようにして見て覚えるし、他の人がやっているときも、後ろに立って必死に覚えて、「よし、じゃあ行くぞ」っていう感じでお金を入れてやるんですけど……なかなかうまくいかないですよね（笑）。そんなところが原点になっています。

最近このお仕事をさせていただいている関係で、当時の有名プレイヤーさんにお会いさせていただく機会があるんですけど、そういう方々って当時から100円玉積んでばんばんプレイしていたっていうお話を聞くと、うらやましいなあって思うんですよね。

自分はそういうコインを積んでのプレイができなかったので、腕前はひどいもんでした。今もひどいですけど（笑）。

でも先ほどぜんじさんが言われたように、家庭用ゲームと違って長く遊べることとか、生き延びることに対しては、異常なモチベーションがありましたね。これが家庭用ゲームだったら、失敗しちゃっても「まあいいか、リスタート」という感じですが。アーケードはそうはいかないので、一機一機に命を懸けてプレイしていたという感じです。

**石井** 80年代のアーケードゲームは、ほとんどがそういう感じでしたよね。どのジャンルのゲームをやっても。

僕は80年代中頃ぐらいから、ゲームセンターでかなりお金は使っていたと思うんですけど、それでもその生き延びることへの執念というか、すごい手間をかけて安全に、安全にと進めていくスタイルだったような気がします。

だから例えばシューティングゲームでは、怖くてスピードアップが取れなかったです。スピードが上がると、ちょっと操作をミスしただけで自爆するので。ハイスコアを狙うなら、最終的には速くしたほうが良いんですけど。

**濱田** それは分かります。『グラディウス』でいうと、当時の僕は1速でプレイをしていたんですよね。1回だけスピードアップしていたんですけど。アーケードアーカイブスでプレイするときは2速を取るようにしました。

1速だとやっぱり限界があったので、激突するリスクを冒して、2速でやるようにしました。それで『グラディウス』を始めて、おそらく31年ぶりに初めて1周できたんです。

**内山** それは素晴らしい。

**石井**　いや、さすがに1速じゃ無理ですよ（笑）。最低でも2速にしないと。僕は当時『グラディウスⅡ』をやっていたんですが、『グラディウスⅡ』の場合は2速でも駄目なんですよね。１０００万点を目指すなら、最終的には最低3速でやらないと。結局スピードを速くすればするほどオプションの間が開くんで、それだけでも有利になる。

**濱田**　『グラディウス』を2速にできるようになったのは、アーケードアーカイブスで、ただで遊べるようになったから。ゲームセンターではもう怖くて、2速にはできなかったです。

**石井**　それはすごく分かります。

## 80年代には1プレイ１００円と50円、10円で遊べるゲームがあった

**濱田**　当時は貧乏学生らしい遊び方をしていました。ぜんじさんたちはゲーメストの記事を書く必要があったので、最新の機種を遊んでいたと思うんです。当時のゲームセンターは、入ってすぐのところに新台のゲームがありました。そこに1プレイの値段が高いゲーム、例えば『グラディウスⅡ』などがあったと思います。

ゲームセンターに入って、入り口の新しい台を見てまずびっくりするんですよね。「すっげえ、こんな綺麗なのが出てる」って。そしてその奥のちょっと薄暗いところには、50円コーナーとか10円コーナーってやつがあって、僕たちはこっちがホームポジションでした。新しい台を横目でちらちら見ながら、そっちに移動するという。

**石井** 当時は100円と50円が分けられているゲームセンターがありましたよね。でも10円で遊べるゲームセンターは、そんなになかったと思います。僕の地元にも10円のゲームがあったんですけど、それは今思えばものすごく古い貴重なゲームでした。『沙羅曼蛇』（1986年）が出るくらいまで、『スペースインベーダー』以前の70年代のドライブゲームなどを、10円で遊んでいた記憶があります。

**内山** 自分は今49歳なんですけど、ビデオゲームを10円とか20円ではあまりやった記憶がないです。

**濱田** 本当ですか？

**内山** やっぱり1プレイ50円が多かったですね。『スクランブル』とかは50円でずっとやっていました。

**石井** 新作で人気があまりないのはすぐに無くなってしまうんですが、50円コーナーには古いものがたまたま残っていたりしました。

**濱田** 僕の行っていたゲームセンターは目蒲線の沿線にありました。自由が丘に行くと良いゲームがいっぱいあるんですけど、やっぱり値段が高いんですよね。それで武蔵小山のゲームセンターに行っていました。当時はだいたい、どこの駅前にもゲームセンターがありましたね。10円や20円で遊べるゲームが何台かある、安い店を選んで行っていた感じでした。

学生時代は休みの日に渋谷で映画を見て、その後ゲームセンターに行くっていうのが定番だったんですけど、そのときも最新のゲームセンターというよりは安く遊べる店に行っていました。渋谷のセンター街にモナコっていう店が昔ありましたよね。そのモナコの、安いコーナーに行って遊んでいました。最新ゲーム機に対する異常な憧れは、その頃に培われた感じです。

**内山** それは対戦格闘ゲームが流行する前ですか？

**濱田**　前ですね。『グラディウス』『グラディウスⅡ』『ダライアス』がゲームセンターにあった、80年代後半ぐらいですかね。覚えなきゃいけないゲームとか、慣れないとなかなかプレイできないゲームよりは、長く遊べるゲームばかりをやっていました。

## アーケードゲームに憧れた学生から、ゲーム会社の設立、移植ゲームの開発へ

**石井**　学生時代から現在に至るまでは、かなり長い時間、紆余曲折があったと思うのですが。

**濱田**　そうですね。いろいろな仕事を経験して、1999年にこのハムスターを作りました。プレイステーション1（PS1）が終わりかけの頃に、前に所属していた会社がゲーム事業から撤退することになりました。そのときにゲーム事業を独立していいよ、ということになったので、作ったのがこのハムスターだったんです。

PS1の廉価版タイトルをたくさん出していたんですけれど、その中で〝アーケードヒッツシリーズ〟ということで、アーケードゲームを源流としたタイトルを集めて発売させていただいていました。

**石井**　ここに飾ってある『ムーンクレスタ』と『紫炎龍』がそうですね。

**濱田**　その後PS2で〝オレたちゲーセン族〟というのをやりました。これはちょっと失敗してしまったんです。その後Wiiでは〝バーチャルコンソールアーケード〟、そして今回この〝アーケードアーカイブス〟で、4回目のチャレンジということになります。

**内山**　その間、ずっとアーケードゲームへの情熱が続いていたわけですね。

**濱田**　20代の若い頃は、ひたすらがむしゃらに働いていました。ハムスターを立ち上げて30代になってちょっと落ち着いてきたので、やりたいことをやりたいと思うようになり、アーケードゲームを復刻していこうと考えたんです。

## 復刻ゲームの開発を続けていく難しさ

**石井**　会社を軌道に乗せないといけないわけですから、やりたいことだけやるのは難しいですよね。

**濱田**　クラシックゲームを復刻していくというビジネスは、決して簡単な仕事ではないんです。ビジネスとしてはなかなか難しい部分があって。今まで志半ばというか、決して多くないタイトル数で終わってしまっていました。

今回のＰＳ４に関しては1本でも多くやりたい、少しでも長く展開していきたいと思ってやっています。今回は延べですけど、１００タイトルという一つの節目に来ています。

**石井**　僕の目からしても、かなり難しいビジネスだと思うのですが、どんなところが難しいですか？

**濱田**　そうですね、やっぱり一番難しいのは収益性の部分だと思います。昔のタイトルを復刻するといっても、やっぱり開発のコストはかかります。そのかかったコストに対して、なかなかやっぱり高い値段が付けにくい、ということがあります。

**石井**　完全な新作ではないので、どうしても低く見られますよね。

**濱田**　はい。今は８２３円一律で配信しているんですけど、かかったコストと売れるであろう本数の見込みからいうと、やっぱり2000円とか3000円という値段を付けたい気持ちがあります。しかし実際はなかなかそういう価格は付けられません。コストと収益のバランスがなかなか難しいというのは、まず一番大きな問題だと思います。大手のゲームメーカーさんもそうだと思うんですけど、レトロゲーム企画をやりたいという強い気持ちで皆さんスタートしても、なかなか続けることが難しいビジネスなんですよね。

それに『グラディウス』や『ダライアス』のようなトリプルエー（AAA）の認知度があるタイトルでも、マーケット的にいうとやっぱりニッチであるというのは間違いないんですよ。今それを復刻したから、例えば何十万本も売れるということはないので。

これらのタイトルは認知度がとても高かったり、プレイした人数はすごく多かったりします。しかしわれわれみたいな世代、30～40代の人たちのゲーム離れが進んでいるのも事実です。知名度のわりには、今これらのタイトルをプレイされる方というのは、決して多くはないと思うので。

**石井**　当時はやっていても、もうゲームから離れてしまっている人って多いですよね。そういう人たちは、今はゲームにアンテナを張っているわけじゃないから、情報が届くのがすごく遅くなる。情報が届けば、移植ゲームに関心を持ってもらえるんでしょうけど、なかなか届かない気がしますよね

**濱田**　おっしゃるとおりです。当時のプレイしていた人口に比べると、今でもそれを買って遊んでくれるっていう方は本当に絞られてしまっている。そういう点ではニッチなマーケットなので、どうしても収益性という問題が出てくる。なかなか難しいというのは事実だと思います。

**石井**　それに移植のクオリティも求められますしね。

**濱田**　そこはユーザーの皆さまからいろいろご指摘をいただく部分で、当時のゲームを復刻していくのは、やはり簡単ではないな、と。普通に遊べるだけでは駄目で、その皆さんの思い出に合うクオリティというか、再現性を求めなくてはいけない。

**石井**　全く同じように遊べる、というのが最低レベルのハードルになっていますが、そのハードルというのは、ある意味めちゃめちゃ高いですよね。

**濱田**　そうなんですよ。

**石井**　僕も昔から見てきましたが、90年代の移植ものというのは、ゲーセンですごくやりこんだプレイヤーが満足するようなものがあまりなかった気がします。ナムコが本腰入れて作ったものは、さすがに手がかかっていて、昔とまったく変わらず遊べましたけど。

例えば僕がゲーメストにいた頃、発売前にアーケードゲームの移植ものを見る機会があったんです。一見するとまったく同じように見えるんですけど、実際に遊ぶと当時使っていた攻略パターンが使えないんですよね。当時のプレイヤーとしては、見た目は同じだけれど実質的に別ゲームなので、「これで遊ぶ意味があるんですかね？」となってしまう。

こういうのは解析してエミュレーターを作ることができて、同じように動くレベルで作りこまないと無理ですよね。

**濱田**　そうなんです。

**石井**　90年代にそういうものを結構見ているんで、今出ているアーケードの移植ものは、本当によくできているな、という印象があるんです。むしろよく割に合わない苦労ができるなと。

移植ものを欲しいプレイヤーは、高いクオリティが当たり前だと思っているので、めちゃめちゃハードルが高い。それなら新しいゲームを作ったほうが楽なんじゃないの、というぐらいの大変さがあるように思います。

**濱田**　最近ＳＮＫの『ラストリゾート』（１９９２年）というタイトルを出させていただいたんですが、このゲームでステージをクリアしたときに、「画面がフェードアウトして黒くなって次のステージに行く」という演出があったんです。しかし移植したものは「フェードアウトしないでカットで画面が切り替わって次のステージに行く」というものになってしまっていました。われわれもスタッフを入れて厳しくチェックをしているんですけど、そこを見逃していたんです。

**石井**　プレイするぶんには、あまり影響しないところですね。

**濱田**　新作のゲームとして見れば、全く問題のないところです。ただ「当時のものをできるだけそのままにする」というコンセプトに従えば、当時フェードアウトしていたんだったら今回も絶対にフェードアウトしなければいけない。ユーザーさんからご指摘をいただいたので、今その部分の修正をかけているんです。

普通にゲームを作って皆さんに楽しんでいただくというものであれば問題にならないんですが、今回のコンセプトではそういうところまでしっかりやらないとユーザーの皆さんには満足していただけない。

**石井**　そこが割に合わない部分ですね。それは作り手ではない、僕の立場だから言えることでもありますが。

**濱田**　僕の口からは、それを割に合わないとは決して言えません。そういうところまで、しっかりやらなくてはいけないので。労力、時間、コストというのはやっぱりすごくかかるし、簡単に作れるわけじゃない。そういう部分では、たくさん続けて出していくのは難しいビジネスだな、ということは感じています。

**石井** めちゃくちゃ大変だと思いますよ。高い技術やノウハウが無いと、できないことだろうなと。

## 客観的に検討する復刻タイトルの選定

**内山** アーケードアーカイブスのタイトル選びの基準は、すべて濱田社長が考えられるんですか?

**濱田** もちろん僕一人で決められるものではないです。権利を持っている方の都合や、開発のほうでやりやすいもの、やりにくいものがあって、みなさんの意見を聞いて総合的に決めています。

また僕は、アーケードゲームのタイトルがずらっと書いてあるノートを持っています。そのノートのゲーメスト大賞を取った作品、3位以内の作品、グラフィック賞を取った作品などに、シールを貼っているんですよ。それ以外にも、ぜんじさんの書かれた本とか、過去を振り返ったゲームの本で取り上げられているものにもシールを貼っているんですね。シールがたくさん貼られているタイトルは、できるだけ優先的にやりたいと思っています。

僕もそうなんですけど、あの当時遊んでいたゲームって、人それぞれ違うじゃないですか。他の人は全然やっていないタイトルでも、近くの駄菓子屋にあったら、すごくたくさん遊んでいたりする。その作品は、その人にとってはメジャーなタイトルです。でも実際に周りを見てみると、近くにはたまた入っていたけれど、世間にはあまり無かったゲームもあると思うんですね。

だから僕自身の経験に加えて、当時のことを振り返って書いたゲームの本を片っ端から買って、そこに取り上げられているタイトルにシールを貼っています。それを判断基準にして、できるだけたくさんの人の思い出の作品を復刻していきたいと考えているんです。

**内山**　思い入れとは別に、ちゃんと客観的な視点で選んでいるんですね。

**濱田**　そうですね、できるだけ客観的に判断できるようにしようと努力をしています。

**石井**　それはお客さまへの商売ですからね。何でもそうですよ。新作を作る場合と変わらないと思います。

## 失われゆく文化を、残さなければいけないという使命感

**濱田**　今この仕事を続けなきゃいけない、と思う理由が僕にはあります。それがニチブツ（日本物産）さんの件なんです。

日本物産は鳥井社長が創業されて、『クレイジークライマー』などを世に送り出したメーカーです。日本物産のように30年以上前に活躍したメーカーの方は、今どんどん引退されていく時期だと思うんですよね。

われわれがアーケードアーカイブスを立ち上げるにあたって、絶対に『クレイジークライマー』と『ムーンクレスタ』は外せない、『テラクレスタ』（１９８５年・日本物産）も出したいという思いがあ

りました。それで鳥井さんのところに、真っ先にご相談に行きました。鳥井さんもそろそろ引退ということで、面倒くさいからライセンスをしない、という感じだったんです。

結果的には、ニチブツさんの権利をハムスターで買い取り、権利を継承させていただきました。今回ニチブツさんに関しては上手く継承させていただいたんですが、今後時代の中で埋もれて、権利がどこにあるのか分からなくなってしまうタイトルが出てくる危険があると思います。そうしないためには、今はラストチャンスじゃないか、という気がしているんですよ。30年前の経営者の方が40歳くらいだったとすると、もう70、80歳になっていらっしゃるはず。今この時期に、できるだけたくさんのタイトルを復刻して、次につないでいければいいなと。

**石井** 僕は最近『ゲームセンタークロニクル』という本を作ったんですが、この本では載っているゲーム画像を、メーカーに全部許諾を取ったんですよ。これは当たり前のことと思われるかもしれませんが、複数のメーカーからゲームの画像の許諾を取るというのは、とても面倒で手間のかかることなんです。古いゲームの場合、権利をどこが持っていて、そこには窓口が存在するのかというのをちゃんと調べないといけない。

だから小さな出版社の場合、エミュレーターから画像を撮影して、無断で掲載しているところが多い。これだけめんどうならゲーム画像を載せない、という決断を下す出版社もある。

**内山** 僕が『ゲームセンタークロニクル』の使用画像の許諾を担当したんですが、確かにどこに聞けばいいのか分からないものがだいぶありましたね。掲載できなかった画像も多かったです。だから今急いでやらなければいけないというのはわかります。

**濱田**　そうですね。権利を継承させていただくのか、もしくは窓口にパイプを作っておくとか。そういう意味でも、このアーケードアーカイブスで、できるだけ多くのタイトルを出していかなければいけないと思っています。

**石井**　実際には、本当は出したいけれども権利的にいろいろ難しいタイトルもありますよね。昔は権利関係が緩かったので許されたけれど、今では許されないので復刻したくないというような。例えば背景に無断で描いてはいけないものが描かれていたりとか。

**濱田**　当時の著作権の判断の基準と、今の判断の基準、モラルというのは大きく変わっています。そのままでは難しくても、今ならここを修正すれば出せる、と言うのがあると思うんです。しかし修正すると、当時のプレイヤーの皆さんの記憶とは変わってきてしまう。ユーザーさんからすると「何でここを変えたんだ」という想いはあるでしょう。でもそれで復刻できないぐらいであれば、たとえユーザーさんから批判をされたとしても、今ここで、出せる形で出したい、というのはあります。

**石井**　あまりはっきりとは言えないですけど、東京の街を俯瞰で描いたシューティングとか、レースゲームの看板とか、対戦格闘ゲームの背景とか、権利関係で問題になったいろいろな例を聞きますね。

でもそのことはユーザーに正直に伝えれば、そこを修正して出しても寛容になってくれると思いますよ。ファンにとっては、復刻されたほうがされないよりもいいわけですし。

**濱田**　そうですね。少し直してでも出せるのであれば、ぜひ出したいと思っています。ただコアなユーザーさんは、本物と違うとすぐに分かるんですよね。これはちょっと音が違うとか。

**石井**　それは恐ろしいですよね。あまり僕も人のことは言えないですが（笑）。

**濱田**　今はそれがネットですぐに拡散して、批判されるのは事実なんです。ただ直さざるをえないものが出てきたら、そこは寛容に受け止めてもらえると。

**石井**　とにかく残しておくということは大切ですから。

**濱田**　そうですね。われわれもそうですし、ぜんじさんの書かれた『ゲームセンタークロニクル』のように、当時のゲームを記録して残していくというのは、すごく重要だと思うんですよ。

他の分野だったら、しっかり記録を残しているところもあると思います。しかしゲームの場合は例えば、国が音頭をとって残していこう、というのがなかなかできていないと思うので。その意味では本で残していくのも重要だし、ゲームタイトルのリストも大事だと思うし。われわれのように実際に動くものを、今のプレイできる環境で復刻していくということもすごく重要だと思っています。

**石井**　国の取り組みも、昔に比べればだいぶ変わってきていると思いますよ。

**濱田**　そうですか？

**石井**　ここ5～10年ぐらいで、それはかなり変わってきている印象があります。それはゲームに限らず、そういう新しい文化で育った人間が社会の要職に就くようになったからではないでしょうか。ゲーム関係の会社だけでなく、役人にもそういう人はいるでしょうし。『パックマン』（1980年・ナムコ）を開発された岩谷さんなどは、今はその方面でいろいろ活躍されているのではないかと思います。

とはいえ国がやるとすると文化事業になるので、どうしてもお金がかかりますよね。ゲームに限らず、例えば国宝のような文化財の管理でも全然財源は足りていないでしょうから、大変なことだと思うんですよね。

世の中には、時の流れに埋もれて消えていくものがいっぱいあると思うんですよ。でもその中で、残そうと思う人が多い、またはその熱量が多いものが残っていく。ゲームを残したいという思い入れの強い人はいっぱいいると思うので、もうちょっとなんとかしていければ、と思いますね。

**濱田** そうですね。

**石井** 本の場合は、今は電子書籍もありますけど、基本的に昔から媒体としては変わらない。でもゲームはプラットフォームが変わるので、ソフトを手に入れてもすぐに遊べるものではないですよね。小説や映画に比べてゲームは昔の名作を気軽に遊ぶことはできないので、手をかけて残していく必要がある。

**濱田** そうですね、今言われたように、僕もゲームは文化だと思っています。でも少し前までは、ゲームは悪者、という風潮があったじゃないですか。でも最近は、ゲームは文化なんだ、と言っても後ろめたくない。30年経って、ようやくそういう感じになってきたのかなとは思います。

**石井** 以前大学の教授に聞いた話なんですが、自分たちが「ゲームは文化だ」と言っていても、昔は相手にされなかった。しかしいつの間にか「ゲームが文化なのは当たり前」という風潮になっていて、奇妙な感じだと言われていました。何か転機となる特別な事件があったわけじゃなく、世代が変わって自然に認められた感じですね。

**濱田** 確かに、なんとなくそうなったように思います。

**石井** ただアニメがすごく国際的にプッシュされているのに比べると、ゲームのプッシュが弱いんじゃないか、みたいな話は関係者から聞きます。今だったらスマホのゲームも含めれば、すごく大きなお金が動いている分野なのに、と。

## 日本のゲームに元気を取り戻してもらいたい

**濱田** 国際競争力という部分でいうと、昔と比べて日本のゲームはどんどん元気がなくなってきているじゃないですか。80～90年代は、日本のゲームが世界中を席巻していましたよね。それに比べると、最近はだいぶ弱くなっているなと感じるんです。

10年ぐらい前は、洋ゲーはニッチな世界で、洋ゲー好きというとちょっと特別な感じがあったと思うんですけど、今は新作と言えば、洋ゲーばかりという時代に変わってきてしまっている。昔は世界をリードしていた日本のゲーム産業が、もう一度元気になってもらいたいなと思っています。

このアーケードアーカイブスのタイトルは、80年～90年代、日本のゲームがすごく元気で、世界を席巻していた頃のゲームです。これをしっかり残して、あの当時のゲームを再評価してほしいな、という思いがあるんです。アーケードアーカイブスでは12社ぐらいの権利を使わせていただいていて、微々たるものですけど利益をお返ししているビジネスなので、他のメーカーさんも元気になって、また世界を席巻してほしいな、という思いがあります。

**石井** 個人的なことですが、僕は2000年ごろにアーケードゲーム専門誌ゲーメストから離れたあと、ファミ通X360で記事を書いていたことがあるんですよ。そのときは毎月レビューを担当していました。その関係で、自分の好みとは関係なく、さまざまなジャンル、たくさんの洋ゲーに触れる機会がありました。それなので、当時の洋ゲーがどのように伸びてきたか、リアルタイムで見ていました。

ゲーメストから出て他の家庭用の雑誌で書き始めて思ったのは、アーケードのゲーム業界とその当時の家庭用のゲーム業界の感覚が相当ずれていて、断絶しているなということでしたね。ゲームというものの見方がかなり違いました。

例えばアーケードのプレイヤーは、昔からゲームをやりこむ人がいました。80年代からゲームのハイスコアが集計されていて、当時のスコアは世界でほぼ並ぶものがいないレベルだったんですよ。その延長線上で、90年代に対戦格闘ゲームが流行したときも、やりこむ人がたくさんいたんですよね。それは当時のプレイヤーならみんな知っているけれど、報道されるわけじゃないので一般の人はほとんど知らない。

２０００年になって家庭用のゲームで文章を書き始めた頃に、「海外のゲームプレイヤーと比べて、日本のプレイヤーはゲームを本気でやり込む人なんかいない。そういう国民性だから」ということを聞いたんですよ。それは当たり前の常識、というような言い方で。もうアーケードとは感覚が全然ずれているな、と思いました。

**濱田**　そうですか。

**石井**　当時の家庭用ゲームで流行していたのは、リアルタイム性の少ないターン性のロールプレーイングでした。その続編が出るか出ないか、それが国内の主な話題だったわけです。それに比べて、洋ゲーのほうがリアルタイム性の強い、アクション系のゲームが多かったんです。どちらかというと、洋ゲーのほうがアーケードゲームっぽいんですよね。

洋ゲーも最初は日本のゲームに比べてかなり不親切だったりしたんですけど、それがある時期からどんどん改善されて進化していった。その時期に日本では、洋ゲーをやっている人間は変わり者、みたいな、軽んじられる傾向があったと思います。そのせいで海外の急速な進化に気づかない部分があった。特にインターネット上での風潮がどうしようもなく駄目なところがあって、ゲームの進歩とまったく関係ない低レベルなところで言い争っていると感じました。

**濱田**　そのあたりで、日本がちょっとガラパゴスのようになっていったんですかね。

**石井**　アーケードの歴史をひも解くと、技術が進むにつれて、その技術レベルに適したゲームジャンルが人気となる傾向があります。例えば『パックマン』は素晴らしいゲームだと思うんですけど、そのまま今ゲーセンに出しても売れるかと言えば難しい。その時代に生き残るものは、そのときの最新ハードで、一番刺激の与えられるものが勝ち残っていく。シューティングゲームから対戦格闘ゲーム、オンライン対戦カードゲームというように。ゲームセンターのゲームは、そうやって人気ジャンルが変化してきたわけです。

それを考えたときに2000年以降の国内の家庭用ゲームは、技術が上がったときにそれに即した内容ではなく、一時代昔のスタイルが続いた時間が長かった。そのときに海外のゲームが、オープンワールドでプレイヤーをリアルタイムに動かして遊ぶ、という、時代に即した方向で急速に進化してきた。そういう印象を持っています。

**濱田**　なるほど。なんとかここで、もう一回日本のゲーム産業に頑張ってほしいなと思います。

## 好調なSwitchでのアーケードアーカイブス

**濱田**　最近任天堂さんからSwitchが出ましたが、Switchは今ハードの売り上げが好調なようですね。アーケードアーカイブスシリーズはSwitchでも展開しているんですけど、世界中で遊んでいただけているようです。

**石井**　日本ではSwitchを手に入れるのが大変だ、という話をよく聞きます。Switchは世界的に見ても成功しているんでしょうか？

**濱田**　ここまではすごく良い状況だと思います。それは任天堂さんだけじゃなくって、日本のゲーム業界全体にとってすごくいい出来事じゃないかなと思います。

　今回〝アーケードアーカイブス〟をSwitchで展開させていただいたんですけど、なかなか良いスタートを切れたと思います。ネオジオのソフトは、Switchのハードの特性とマッチしているんです。Switchはコントローラーを外すと2人用で遊べますが、ネオジオの作品はほとんど、2人用で対戦か協力プレイができるようになっているんですよ。

　ネオジオのゲームを当時から遊んでいた人はもちろん、知らなかった若い人たちも今回ネオジオを知っていただくことで、ネオジオ自体の再評価につながったと思います。昔こんなに面白いゲームがあったんだ、というような。

**石井**　それは実感がありますか？

**濱田**　昔のゲームが再評価されたらいいな、というのは常に感じていました。コアなユーザーさんは業界に関係する方が多いので、人づてに当時作られた方のお話を聞ける機会があります。当時自分が作ったものが、こうやってあらためて出て脚光を浴びているということに対して、喜んでいただけるケースが多いですね。それは作っていくうえで励みになります。

**石井**　これだけの数の作品が出てくると、Ｓｗｉｔｃｈ専用のアーケードスティックが欲しいところですね。

**濱田**　もうＨＯＲＩさんのほうから、発売されることが発表されているようです。

**内山**　Ｓｗｉｔｃｈの場合、縦画面のゲームでもいい感じで遊べそうですね。

**濱田**　Ｓｗｉｔｃｈの〝アーケードアーカイブス〟は今のところネオジオのみで、ネオジオは全部横画面なんです。これから縦画面のゲームをやるとしたら、Ｓｗｉｔｃｈを立ててどんな感じになるかというのが、今から楽しみですね。

**石井**　それでは最後に、アーケードアーカイブスの今後の展開について教えてください。

**濱田**　アーケードアーカイブスは、今後もぜひ続けていきたいと思っています。当時のアーケードゲームは数え方によってだいぶ違うでしょうが、数千タイトルはあるんですよ。その中からシールが貼られていたものを含めて、話題性のあるものをピックアップしたら、８００タイトルくらいあったんです。

その８００タイトルは、なんとか世に出していきたいと考えています。最初の頃は年間20タイトルぐらいのペースでしたが、それだと全部出すまでに、40年くらいかかってしまうんです（笑）。40年かかると死ぬまでには達成できないので、少しペースを上げていけたらな、と思っていました。

**内山**　順調に目標に向かってペースアップしていますね。

**石井**　特に最近のＳＮＫさんのタイトルは、ハイペースでリリースされている感じがします。開発のしやすさというのが関係しているんでしょうか？

**濱田**　ネオジオが共通の基板だというのが大きいです。これまでにシステム基板で同じように見えても、違ったことが結構ありました。その点、ネオジオはカセットを変えるだけで遊べるシステムなのでやりやすいです。逆にいうと、ネオジオ以外のタイトルに対して、どうやって復刻していくのかという大きなテーマがあります。

これからもいろいろな困難があるかと思いますが、乗り越えてやっていきたいと思いますので、ユーザーの皆様、よろしくお願いします。

（インタビュー収録：２０１７年５月）

## その後の濱田さん

ハムスターの展開する"アーケードアーカイブス"は2020年現在、順調に復刻、移植作業を進めている。2018年には『ドンキーコング』(1981年・任天堂)をSwitchで、『ASO』(1985年・SNK)、『アテナ』(1986年・SNK)をPS4、Switchでリリース。2019年には『最後の忍道』(1988年・アイレム)、『海底大戦争』(1993年・アイレム)をPS4、Switchで、『サムライスピリッツ零SPECIAL』(2004年・SNKプレイモア)をPS4、Switch、XboxOneで配信している。その勢いはとどまるところを知らず、「過去のすべてのゲームを復刻したい」という濱田氏の野望は着実に達成されつつある。

(石井ぜんじ)

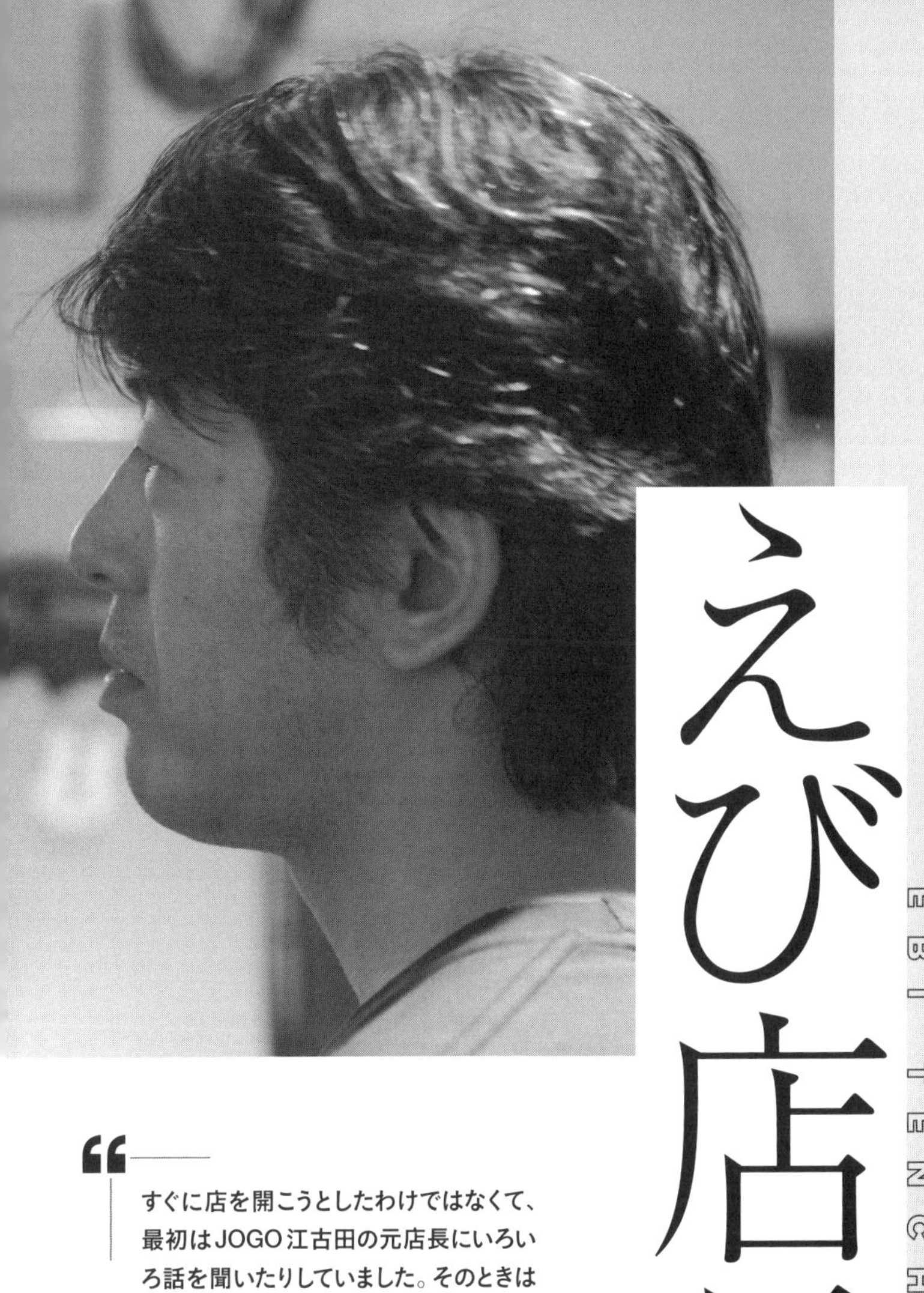

# えび店長

EBI TENCHOU

“すぐに店を開こうとしたわけではなくて、最初はJOGO江古田の元店長にいろいろ話を聞いたりしていました。そのときは「同じ500万で商売をやるというなら、絶対にゲーセンはやめろ」と止められましたけど（笑）。”

「Ｇａｍｅ ｉｎえびせん」は、東京都の江古田にある個人経営のゲームセンターである。オープンは２００６年と比較的新しい。個人経営のゲームセンターが次々と閉店する昨今、新たに開店して営業を続ける稀有な店である。

この店の店長である海老原氏（通称えび店長）は、学生時代からの生粋のゲームマニアで、対戦格闘ゲームやゲームのハイスコア競争などで腕を鳴らした猛者である。ちなみに彼は中学生のころ、神田駅のガード下にあったゲームセンター、ＪＡＣＫ＆ＢＥＴＴＹによく来ており、当時神田にあったゲーメスト編集部に勤めていた筆者とは顔見知りであった。

しかし編集部が神保町に移って以降は、筆者は海老原氏とはほとんど接触がなく、その消息はわからなかった。その後ネット経由でＧａｍｅ ｉｎえびせん開店の報を知り、『ＶＥ』Ｖｏｌ.２のロケーション紹介のコーナーで取材することになった。このインタビューは、その紹介記事に付随したものである。

えび店長、筆者共に重度のゲームマニアのため、専門領域の濃い話が次々と展開される。ゲーセン文化になじみのない人には理解が難しいかもしれないが、何とかついてきてくれるとありがたい。

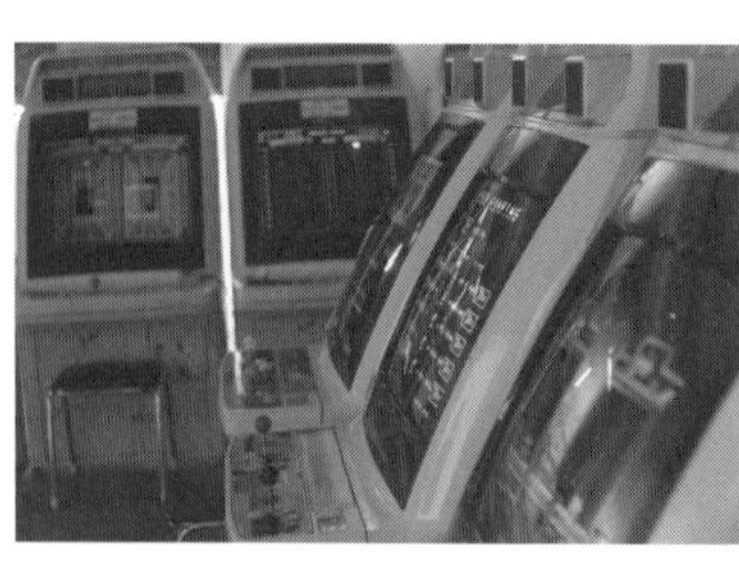

**石井**　どうもお久しぶりです。

**えび**　最後に会ってから、20年ぶりくらいでしょうか。ネットではお見かけしていましたけど本当にお久しぶりです。

**石井**　えび店長が、僕の知っているえびくんと人違いじゃなくて良かったです（笑）。こういう機会でもないと、すれ違ったまま一生会わずに終わる可能性もあったので、来させていただきました。

**えび**　どうぞ、そこの椅子にお座りください。

**石井**　遊んでいないときにゲーセンの椅子に座るのは、なんとなく落ち着かないですね。

**えび**　わかります。罪悪感ありますよね（笑）。

**石井**　本日は店舗紹介がメインなんですが、せっかくなのでえび店長のゲーム遍歴とか、お店の歴史などを詳しく聞かせていただければと思います。

20年ぶりぐらいに再会した2人。

## えび店長のゲーム遍歴～神田駅ガード下で遊んだ日々

**石井**　えび店長と最初に会ったのは、神田のガード下にあったゲームセンター、ＪＡＣＫ＆ＢＥＴＴＹ（Ｊ＆Ｂ）だったと思います。自宅とは離れていると思うんですが、なぜこのゲーセンに来ていたんですか？

**えび**　僕の自宅は練馬区にあるんですけど、当時の練馬区は暴走族が全盛期で、治安が悪かったんです。そこを親が考えてくれて、神保町の中学校に行っていました。

**石井**　するとガード下にいたのは中学生の頃でしたか。

**えび**　そうですね。足立区からの越境組とか、ゲーメスト編集部の近所に住んでいたヤツの3人で、いつもゲームセンターに行っていました。

**石井**　ガード下では、双子の兄弟とよく『ストリートファイターⅡ』（1991年・カプコン、以下『ストⅡ』）の対戦をしていた記憶があるんですけど。

**えび**　彼らは同じクラスだった小川兄弟ですね。あの頃は中学の先生がゲーセンを見回っていて、見つかったら怒られたんですよ。だからゲーメスト編集部の近くに住んでいる友人の家に一回行って、着替えて私服になってからガード下に行っていました。私服なら見つかっても怒られず、「ほどほどにしておけよ」と言われるくらいだったので。

**石井**　僕がゲーセンに入り浸っていたときはもう高校生だったので、先生に直接怒られた記憶がないんですよね。他の学生が怒られていているのを見て、あまり良い気分はしなかったですけど。

**えび**　僕らの世代だと、親や先生のゲームセンターへのイメージは、おそらく最悪だったんじゃないですかね。風営法で営業が深夜12時までになって、店内も明るくしてとか、ゲーセンが変わり始めた頃です。J&Bに行っていたのは中学から少し遠くて、見つかりにくいからでした。行き始めたころは、おばちゃんの店員がいてジュース一杯タダ券をもらったりしていました。

**石井** ゲームでいうと、いつごろのことですか?

**えび** 『ダライアスII』(1989年・タイトー)の頃ですね。その頃僕は中学2年生で、高校受験のときに『ストII』が出てきて大惨事に(笑)。

**石井** 『ストII』のときは、えび店長と双子の兄弟が、春麗VSザンギエフで、ずっと対戦していたイメージがあります。

**えび** 一生その組み合わせでやっていましたね。

**石井** あの当時は、J&BにFoo助がよく来てましたね。ダルシムの凄く上手いプレイヤーの。

**えび** あの人はやばかったですね。これが全国のトップなのか、世界が広がった、という感じ。全国レベルというのを、まざまざと見せ付けられました。

**石井** 本当に上手い人とやると、勝てなくても楽しいときがありますよね。

**えび** もうニコニコしながらみんなで50連敗くらいしていました。本当に誰も勝てない。

**石井** 僕も見ていたんですけど、ちょっと不利になっても、ヨガファイヤー連打で削って体力ゲージ差を詰められちゃうんですよ。本当はヨガファイヤー連打でそんなに押し返されるはずはないんですけど。リードを守ろうとしているのを見透かされているんだろうなと。

**えび** そうですね。Foo助さんは、催眠術というか、流れの持っていき方が本当にうまいんですよ。心理的なことを対戦にいち早く取り入れたという感じです。例えば人はダルシムのしゃがみ中パンチをガードした後は跳びたくなるとか。「はい、跳ぶ」ってもう先に口で言ってるんですよ。

**豊臣**(**豊臣和孝・ゲームライター 以下、豊臣と記載**) それはひどい(笑)。

**えび**　「え?!　俺はなんで跳んでるんだ、今言われてから跳んだよな」と。「跳ぶ」と言われていても、もう止まらなくて。

**石井**　まだ対戦が横並びでやっていた時代は、変なフェイントというか駆け引きがありましたね。俗に言う「三味線をひく」というやつ。

**えび**　気配でばれたくないから、関係ないスタートボタンをたたく、というのがありました。

**内山（本誌編集者・スタンダーズ編集部）**　それも作戦なんですか?

**石井**　いや、今考えるとネタだったと思うんですけど。

**えび**　中学生当時の純粋な僕らは、ちょっと真似してみようぜとか言って、全然関係ないところを叩いていましたね（笑）。波動拳コマンドにキックボタンを押して、これはフェイントになるよね、とか。

**石井**　対戦台が普及してから、そのあたりも少し変わってきたかなと。

**えび**　向かい合わせの対戦台が広まって、対戦が礼儀正しくなったという人と、顔が見えないからマナーが悪くなったという両方の意見がありました。ただ対戦に入りやすくなったのは確かだと思います。

**石井**　当時対戦台というのは日本独自の文化で、アメリカにはないと聞いたことがあります。向こうだったら、顔が見えない状態で乱入されたら逆にケンカになると。

**えび**　ひとつのお店に対戦台をセットで2台、3台と置いてくれるようになったのは、『ストリートファイターⅡダッシュ』（1992年・カプコン）とか『ストリートファイターⅡターボ』（1992年・カプコン）の頃ですね。以前「『ストⅡ』通信対戦台はどこが起源か」という話がありましたけど、あれは諸説あり過ぎて、「俺が最初にやった」という人が日本でも5～6人はいると思うんですよ。

**石井**　僕は当時ライターから、「都内で対戦台がいち早く入ったところを知っているから、そこをちゃんと当たれば分かるんじゃないか」という話を聞きました。しかしもともと通信ハーネスの作り方は知られていたはずなので……。

**豊臣**　やっぱり基板屋が早かったんじゃないですかね。基板屋からの情報は全国に共有されているんで、すぐに広がっていく。だから特定は難しいんじゃないかと思います。普及と同時に基板屋がそのハーネスを商売にしていましたからね。

**えび**　確かに対戦台に関しては、一般のゲーセンのほうが早かったと思います。

## ひたすら毎日ゲーセンで戦った、春麗VSザンギエフ戦

**石井**　当時えび店長の対戦プレイをガード下でかなり見ていたんですけど、『ストII』の春麗のレベルはかなり高かったと思いますよ。他ではあまり見たことがないくらいでした。他の地域では、春麗はもうキャラ的にきついとされて、やっている人が少なかったイメージがあるので。

**えび**　そうですね。みんなガイルやダルシムでした。

**石井**　後からゲーメスト編集部にREDというライターが入ってきたんですけど、「静岡だったら『ストII』では春麗なんてザンギエフに全然勝てないですよ」みたいなことを言われたことがあります。「そんなことないよ」と、よく口論になってました（笑）。

**えび** いや、そんなことはないです。春麗はやれると思います。

**石井** ザンギエフは名古屋近辺が強かったイメージがあります。春麗は高崎とか千葉あたりに強い人がいたイメージがありますね。でもガード下の対戦を見ていると、「これザンギエフは春麗に勝てるの？」というくらいの感じでした。

**えび** でもやっぱり一度つかまれれば終わりますからね。最初から最後までノーミスで間合い管理をしていかないといけないです。基本的にこちらからリスクのある行動はしない、自分からはボタンを押さないくらいの勢いですね。

**石井** 当時大阪に行ったことがあるんですけど、大阪の対戦だと、ザンギエフ対ブランカで、1試合どちらもほとんど技を出さないまま時間が過ぎ去っていきました（笑）。

**えび** そうなりますよ、本当に。

**内山** 極まってくると、何か柔道の達人同士の試合のようになるということですか。

**えび** ザンギエフが転ばせてリターンを取りたいからといっても、大足払いを空振りしたら反撃をくらいますからね。よくウメハラさんがガイルの中足払いに対して差し返すのですごい、と言われたことがありましたけど、ザンギエフの大足払いならそこまで難しくない。空振りを見て中脚払いをしてもいいし、余裕があるなら投げてもいい。これはもう確定反撃だろうと。

**石井** 当時新宿にすごく上手いザンギエフがいたんだけど、彼が足払いを出したらなぜか確実にみんな転んでいましたね。あれは不思議だった。

**えび** そうですね。だからザンギ側の大足払いは確実に転ばせる確信があるときしか出さない。むし

ろうまくなってくると小足払いを出して呼び込んで転ばせるみたいな、あのへんはもう死ぬほどやりました。

**石井**　本当に毎日やってるなと。

**えび**　学校帰り、本当に毎日やっていましたからね。それはすごくわかります。

**石井**　それを見ていたから、これは春麗極まってるな、と思っていました。けっこう他の地域って、あまり春麗はいなかったんですよね。ライターに聞いた話では、高崎のゲームセンターに行ったときにガイルが春麗に負けたということがありました。特定の状況下でガイルのサマーソルトキックが出ない、封印という技があって、まだあれが知られていなかった。高崎の人たちだけが知っていて。

**えび**　封印は使いましたね。あれは衝撃的でした。そうですか、あれは高崎発でしたか。

**石井**　少なくとも編集部ではまだ知らなかったですね。向こうの人たちだけが起き上がりにサマーソルトが出ないのを知っていて、「大、中、投げ〜」と掛け声をかけていたらしいです。

**えび**　起き上がりに飛び込むタイミングがめちゃくちゃ遅いのに、なぜか絶対にサマーソルトキックが出ない。あれは知らないとどうしようもないです。当時はあまり気づいていなかったですけど、今思うと地域差があったんですね。

## えび店長が壇上まで行った国技館の『ストⅡ』大会

**石井**　たぶん知らない人が多いと思うんですけど、確かえび店長は国技館で行われたSFC版『スト

Ⅱ』の全国大会で、上位に入っていたんですよね。

**えび**　そうですね。92年に行われた最初の国技館での全国大会です。一応壇上に上がったので、たしかベスト16か32だったかな…。あまりこの話をする機会はないので知らない人は多いと思いますけど。

**石井**　大会はどんな感じでしたか。

**えび**　ＳＦＣのパッドで戦うので、コマンドキャラは不利だと自分では思っていました。僕自身がパッドだとちゃんとコマンド出せなかったので（笑）。メインは使い慣れてるし、コマンド技も必要ない春麗で、じゃんけんで春麗を取られたらダルシムで行こうと決めていたんですよ。Ｆｏｏ助さんを知った後でしたが、まさかきっちりヨガファイヤーとヨガフレイムを撃ち分けてきたり、対空をきっちりやってくるダルシムなんていないだろうと、たかをくくっていました。

じゃんけんの運が良くて、壇上に行くまで春麗でいけたんですよ。予選はガイル戦が多かったんですけど、みんな待ちガイルばっかりで、ソニックを撃った後に歩いてプレッシャーをかけてこない。「どいつもこいつも春麗戦わかってねえな」と。全然そんなのどうにでもなるから、みたいな。

**石井**　最終的にはどうなりましたか。

**えび**　壇上の決勝トーナメント一回戦でそのあと優勝したダルシムに負けちゃって。いやもう驚愕でしたね。画面端でダウンを取った後にフレイム、ファイヤーと的確にやってくるんだけど、「ウソでしょ、ＳＦＣ版でここまできっちりやれる人いるんだ」みたいな。

**石井**　さすがにそこまでがぬるすぎた（笑）。

**えび**　「やべえついに本物に当たっちゃったよ」と（笑）。たしか松崎さんという方だったと思います。

1ラウンド目は普通に差し合いしてそれはもう綺麗に負けて、「無理無理こんなの立ち回りで勝てない」と思いました。当時ゲーセンでの対戦でも「投げハメ」ってダーティーなイメージだったじゃないですか。松崎さん、投げハメ行ける場面でも投げてこないんですよ。すごいクリーンなプレイスタイルで。でももう自分が勝つためにはハメ殺すしかないと思って2ラウンド目で無理やり投げハメに持って行って殺したら、めちゃくちゃ舌打ちされて。

そうしたら3ラウンド目に逆に俺が画面端でヨガファイヤ、ポイ、ヨガファイヤ、ポイとやられました(笑)。「めっちゃ怒ってるよこの人」と思いましたね。もう間合いも完璧で、春麗の投げ間合いの外から淡々と作業されて、もう俺はボタンを叩くことしかできません、という感じ。

**石井** それはガチな戦いだ(笑)。

**えび** ここは国技館なのに、なんかいきなりゲーセンに帰ってきた、みたいな感じでしたね。きれいに屠られて、本当にありがとうございました、格の違いを見せ付けられました、という感じでした。

**内山** ハメ殺した怒りで、分かったよ、みたいな感じですか。

**えび** いやもう明らかに、気配が変わりましたから。「はい分かりました、君はそういう人ね」と。

92年の国技館でゲットした貴重なメダル！

**豊臣**　中学生、高校生のときはずっと対戦をやっていたんですか？

**えび**　そうですね。『ストⅡ』から『スーパーストリートファイターⅡX』（1994年・カプコン）までのシリーズをずっとやってました。

**石井**　だからえび店長って、僕らから見るとハイスコアのイメージが無かったんですよね。

**えび**　本格的にハイスコアをやり始めたのは、その後なんですよ。

## 現実味が感じられなかったハイスコア争い

**えび**　ゲーメストを読み始めた小学校や中学校の前半の頃は、ゲームセンターのゲームは、クリアできるものとは思っていなかったです。でもハイスコアには、2周ALLとか書いてある。そもそも2周ALLの意味がわからないですから。なんだよ2周ALLって（笑）。

当時のゲーメストのハイスコアって、僕の中ではフィクションの世界でしたね。現実味がないというか。『イメージファイト』（1988年・アイレム）2周目2面の復活攻略とか言われても、「2周目2面って何なんじゃろ？」という感じ。

**石井**　その攻略原稿は僕が書いていたと思うんですけど、もうほとんどハッタリでしたね。もちろんちゃんと復活パターンはできているんですけど、役に立つ人はあまりいないだろうなと。ネタに近い感じで。

**えび**　じゃあ実用性はあまりないと（笑）。

**石井**　『イメージファイト』はそのほかにも、2周目5面の復活攻略とかやっていましたね。小さな虫が高速で飛びまわる面で、4速にして振り回すという。ああいったパターン作りが好きなんですよ。編集部に当時としては珍しく基板があったので、美しい攻略パターンができたから記事にしてやろう、という感じでした。全国に何人分かるヤツがいるかわからないけど、1ページくらいなら載せちゃえというノリ。

**えび**　僕がゲーメストを最初に買いに行ったのは小学生の5年のときで、創刊7号くらいでした。そのとき普通の本屋では売っていなかったんですよ。桜台のゲームセンターの常連に聞いたら、プレイシティキャロット巣鴨というゲームセンターで売ってるよと。

**石井**　巣鴨店ですか。当時は伝説の店でしたからね。

**えび**　月に1回巣鴨にゲーメストを買いに行って、上手い人たちのプレイをギャラリーして、6時になると店長さんに追い返されていました。それでもまだフィクションという感じでしたね。まるで映画を見ているみたい。

**豊臣**　自分が同じようにプレイできないゲームだと、どうしてもそうなってしまいますよね。

**えび**　『レインボーアイランド』（1987年・タイトー）の記事を読んで、左からダイヤを集めるというのを実際にやってみました。でもやっぱり5面くらいから「いや、もうこれ無理だよ」と。

その後、中学生になりゲーメスト編集部に遊びに行くようになって、ライターのバイオさんとか、ありやんさんとか、YOU.Aさんに出会って知り合いになったんです。神田のガード下でみなさんと遊ぶようになって、ようやくこれはフィクションじゃないんだって。

ゲーメストで記事を書いている人たちは、当時の僕からみれば芸能人のようなものなんです。その方々と話してゲームを遊べたので、すごく楽しい時期でしたね。その影響でハイスコアを出したい、という気持ちはあったんですけど、当然全一なんて取れるどころかかすりもしない。それならば、ということで、中学校の仲が良かった5人で、神田のJ&Bにハイスコアボードを作ろうぜ、という話になったんです。

**石井**　その辺の流れは、それより10年くらい前の自分とまったく似たような感じなのが面白いですね。同じ道筋をたどっています。

**えび**　ハイスコアとしては全国レベルに全然届かないものでしたけど、やっているうちに知り合いが増えて、だんだん世界が広くなっていきました。そんなことがきっかけで江古田のJ&Bに行くことになったんですけど……そこは修羅の世界でした（笑）。全一の人とかたくさんいて、「何ここ怖い！」という感じ。

**石井**　あの当時は、江古田とか下井草はひとつの勢力という雰囲気がありましたね。

## 本気でハイスコアに向き合った時期

**えび**　僕がちょうど高校を出た頃にJOGO江古田というお店があって、店長さんがバリバリのハイスコアラーだったんです。その関係で下井草からめぞんさんとか上手いプレイヤーがJOGO江古田に来るようになって、僕もそこで遊ぶようになりました。そこからですね、ハイスコアと本格的に向き合うことになったのは。

**石井**　90年代後半くらいですか。

**えび**　そうですね。対戦は『スーパーストリートファイターⅡX』以上に熱くなれるものがなかったです。

**石井**　それはしかたないですよ。あのゲーム、完成度がとても高かったですし。

**えび**　そのとき昔のスコアラーが江古田に帰ってきたので、「じゃあ一緒にスコアやりたいな」と。それが第二ラウンドという感じですね。

**内山**　具体的にゲームで言うと、どんなタイトルですか？

**えび**　『サイキックフォース』（1996年・タイトー）のタイムアタックをやっていました。僕の最初の全一が、雑誌の誤植なんですよ。

**内山**　それは悲しいですね。

**えび**　僕が送ったのよりも速いタイムが載っていたのに、遅いはずの僕のタイムが載ってしまっていて。

**石井**　珍しいな、そういう集計ミスだったんだ。

**えび**　多分チェック漏れですね。当然次の月には修正が入ったんですけど、複雑な気分でしたね。うれしいというか気まずいというか。

**内山**　うれしさもやっぱりあるんですか。

**えび**　ミスとはいえ、それが雑誌に載った最初なのでどうしても（笑）。

**石井**　でも逆に言えば、もうトップを争えるレベルまで来ていたんですね。まあそこからが大変なんだけど。

**えび**　当時はまだ抜いて抜かれてを繰り返すのが、どれだけ精神に堪えるかというのがまだわからなかったです。でもJOGO江古田でスコアラーの人たちを間近に見ていて、やっぱり妥協しないで、これだけやり込むのが当たり前なんだと思いました。

**石井**　そういう環境にいると、自然にそうなりますよね。

**えび**　そうですね。周りがそういう人ばかりだったので。自分がハイスコアの真似事みたいなことをやっていると、「何やってんの」と怒られるんですよ。ダメ出しが飛んでくる（笑）。

**内山**　それは厳しいですね。

**えび**　「いや自分としてはこう思ってこうやって」と言うと、「だったらこうしたほうがいいだろう」と。ちょっとした意見交換にしても、スコアを出すという目的のためにしているわけで、そこに一切余分なものはないんです。

**石井**　それは当時のゲーメスト編集部とまったく同じですね。編集部に来ていろいろ話をしていると、考え方とか、最新の攻略パターンを覚えて、自然に教育されちゃって全国一位が出せるようになる。

**えび**　それはすごくありますね。いっしょにみんなとやっていたら、だんだん圏内に入ってくるというか、いけるねみたいな雰囲気になってくる。おかげで『サイキックフォース』以降も、いくつか格ゲーで全一を取れるようになりました。

お店のハイスコアが多くなってくると、今度は星を取ったり取られたりという、星争いが気になってきて。

**石井**　ゲーメストのハイスコア争いでは、個人だけじゃなくて、お店でも争いをしていましたからね。ハイスコアを出すと星がつくので、1年を通してお店どうしでその星の数を争う。

**えび**　そうですね。ある年にお店の星争いで、年間のトップが狙えるんじゃないかというチャンスがありました。

**石井**　本来個人の記録のはずのハイスコアを、店の争いにするわけで、あれは賛否両論ありました。

**えび**　90年代の最後のほうだったと思うんですけど、あのときなぜかゲーメスト編集部は『ハイパーオリンピックイン ナガノ』（1997年・コナミ）を集計し始めちゃったんですよ。あのタイトルは集計店で入っていたのがJOGO江古田と扇が丘の2店舗しかなかったような気がします。

**石井**　『ハイパーオリンピックイン ナガノ』はゲームリストを作るときにあとから調べたことがあったんだけど、全然資料がなかったですね。自分も見たことがない。

**えび**　出回りはあまり良くなかったと思います。たまたまJOGO江古田にはあったんですけど、スポーツゲームが好きなヤツがけっこういたので、みんな遊びでやっていたんですよ。

**石井**　出ましたね、「遊びでやる」。これってある意味スコアラー用語ですよね。ゲームは遊びじゃないんだよ、という意味の裏返し（笑）。

**えび**　たしかにその通りですよね（笑）。でも本当に最初は遊びでやっていたんです（笑）。そうしたら次回から集計開始、みたいなお触れが来て、しかも種目別に集計。これは星がぼろ儲けじゃないか、みたいな話になって。

当時はアイリン夢空間というゲームセンターと争っていたんですけど、それでぶち抜いて「やべえ、これは年間トップマジであるわ」みたいな空気になっちゃった。

**内山** それは白熱しましたね。

**えび** しかし最後まで競っていたんだけど、結局負けちゃって。いやあ、流石のアイリンでした。1回くらい取らせてくれてもいいじゃん、と思ったんですけど、そんなことをさせてくれる甘い人たちじゃなかったです（笑）。

**石井** スコアラーって、本当に妥協を許さない人ばかりだからなぁ……。

**えび** アイリンは特に妥協がない印象です。えびせんができてからアイリンでスコアをやっていた人から聞いたお話ですが、ゲームが出る前からキャラごとのハイスコア担当が決まってることもあったみたいです。

**豊臣** まるで部活ですね。お前この種目出ろ、みたいな。

**えび** でもそのくらいでないと、やっぱり年間店舗トップは取れない。

**石井** それでもいい勝負まで行ったんだよね。個人でも全一に届くかとなったらやりこむわけだから、そこから景色が変わりますよね。

**えび** 今までそんなこと、考えもしなかったけど、やっぱり届くとなるとみんな目の色が変わりました。でもあのときのJOGO江古田はすごく個人主義で、ハイスコアをやっているヤツもいれば、対戦をやっているヤツらもいました。僕もハイスコアを狙っているときもあったし、『ギルティギア・ゼクス』（2000年・サミー／アークシステムワークス）の対戦をずっとやっていることもありましたね。

**石井**　そんなふうに分かれているくらいが、本当はゲームセンターとしてはちょうどいい気がするんですけどね。

## 舞台音響を担当した、えび店長の社会人時代

**石井**　えび店長は、一時期ゲームセンターから離れていた時期があるんですよね。

**えび**　そうですね。高校を出てからＪＯＧＯ江古田でバイトしながら、舞台をやっていたんです。最初に行ったのは声優の養成学校だったんですけど、舞台しかやらせてくれない。そこで僕は舞台のいろはをしっかり叩き込まれました。役者以外の仕事、小道具、大道具、音響や照明も、在校生だけでやらないといけない。そこで僕は音響を担当していたんですよ。

　学校を卒業した後に劇団に入ったんですけど、劇団だけじゃとうてい食べていけないので、音響の手伝いをするようになりました。芝居に出ているより音響をやっていたほうが稼げるし、楽しいなと。それから舞台音響をフリーでやっていたんですけど、仕事がだんだん増えて、１００人くらいの小劇場を毎月回すようになりました。でもさらに大きい３００人くらいのキャパになると、もう機材のことが分からないんですよ。ここまで素人レベルでやってきたけど、限界が来たなって。

**内山**　ちょっと手に余るというか、レベルが違ってくるんですかね。

**えび**　あらためて機材のことをちゃんと勉強しなければいけないな、と思いました。そこでモーターショーとかゲームショーの映像音響をやっている映像センターさんの倉庫に入って、倉庫で映像音響

の機材を整備しながら勉強をしていったんです。

**内山** すごいじゃないですか。

**えび** その頃が25～26歳くらいですね。そのくらいになると知り合いもキャリアアップしてくるので、たまに商業に出るヤツも出てきます。そんなとき、知り合いに小屋付きの芝居に誘われたんです。ここでキャリアを積んで劇場の人と仲良くなれば、これはいけるぞ、ビッグチャンスだ、と思いました。

しかしそこは拘束時間が長いんですよ。旅公演もあるから、これは倉庫を辞めなきゃいけないな、と。しかし倉庫をやめた直後に、そこが突然他のプロダクションに買収されてしまって……。この仕事が終わったらちゃんと入ろうと思っていたんですけど、その時点ではまだ社員じゃなかったので駄目でした。ものの見事に転職を失敗したわけです。

**豊臣** それはショックですよね。

**えび** もう気力がなかったですね。しばらく「もうええわ、ニートしよう」と。ずっとスロット打って酒飲んでスロット打って酒飲んで、みたいな生活をしていました。

**豊臣** ものの見事に行きましたね。駄目な方向に。

**えび** そうですね。そんなとき、いつものように江古田でスロット打った帰りにゲームをやっている連中と飲んだんですけど、「最近ゲームセンターも減って……」と言ったら、「ゲーセンってどのくらいお金があればできるんだろう」という話になったんですよ。江古田あたりだと、坪単価1万2000円くらいだろ、と。

**石井** ゲーセンをやるなら、やっぱり江古田だったんですね。

**えび**　そうですね。与太話ですけど。坪単価こんなもんで筐体にこのくらい入るんじゃないか、家賃20万くらいに抑えればどうだろうね、と。ものすごいどんぶり勘定で500万くらいあればいけるんじゃね、と言って、基板なんかみんな貸してくれるだろうと。筐体は知り合いが勤めているところから安くしてくれるよとか、適当なことを言って。「そうか、それならやれなくはないのかな」と。

**豊臣**　具体的に数字が出たことで、リアルになったという感じでしょうか。

**えび**　そうですね。仕事をしていた時の貯金とか、コツコツとスロットで貯めていたお金があったので。

**内山**　スロットでだいぶ勝っていたんですね。

**えび**　それこそ芝居をやっていたときは、もうスロットだけでした。舞台をやっていると生活が不規則なので、まとまったバイトに入れないいんですよ。本番1ヵ月前くらいになると稽古場に通い詰めになってしまうので。90年代のスロットは激甘の設定だったので、本当にスロットだけで生活できていたし、貯金もできた。そういう良くない時代だったんですよ。

**石井**　90年代当時、ハイスコアを止めた連中って今何をしているの？　と聞いたら、よく「パチスロやってる」と言われたことがあった気がします。

**えび**　ハイスコアをやっている人は、朝にスロットに行って、その日のゲーム代と飯代を稼いでから夕方にゲームをする、といった人が多かったと思います。もうこのコースはエリートコースみたいなもので。

**内山**　けっこうそういう人がいたんでしょうね。

**えび**　大学を中退してからそのルートになると、なお完璧（笑）。

**石井**　ゲーセンの難しいゲームを攻略するのに比べれば、パチスロのこの甘さよ、というような感じだったのかもしれないな。

**えび**　当時のスロットは規制も緩かったですし、お店も毎日イベントデーみたいな感じでしたから。そりゃ負ける日もありますけど、毎日打ってれば月トータルなら絶対勝ってるという感じでした（笑）。

## ゲームセンター開店という夢の実現に向けて

**えび**　すぐに店を開こうとしたわけではなくて、最初はＪＯＧＯ江古田の元店長にいろいろ話を聞いたりしていました。そのときは「同じ５００万で商売をやるというなら、絶対にゲーセンはやめろ」と止められましたけど（笑）。不動産屋さんに行った時に条件を聞いてみたりとか、なんとなくいろいろやっていたら徐々に現実味を帯びてきた、という感じですかね。

**石井**　少しずつ情報を集めて、形にしていったわけですね。

**えび**　そうですね。やはり何もしないでブラブラしているのはよくないので。最初はどうしたら風営法の許可を取れるのかも知らなかったです。

**豊臣**　どこに申請を出しに行くのかと。

**えび**　警察の生活安全課の人に「すいません、ゲームセンターやりたいんですけど風営法の許可ってどうやって取るんですか」と小学生みたいな質問をかましたんです。そうしたらかなり呆れ顔で「こういう書類が必要、個人でもできなくはないけど行政書士の先生に作ってもらうのが普通」などと教えてもらって、それから行政書士の先生をネットで探してという感じで、ひとつひとつクリアしていきました。

**石井** 警察に話を聞きにいった時点では、かなり具体的になっていますよね。

**えび** そうですね。もう考えが固まってきて、やると決めたくらいのときです。不動産屋さんに物件を探してもらっていたんですけど、面談に行っても、やっぱりゲームセンターだと苦い顔をされてしまうんですよ。それでなかなか決まらなくて。

**石井** ２０００年くらいのときに僕の地元でタイトーのゲーセンができたんですけど、そのときでも商店街で反対運動がありましたからね。地元はとても伝統ある古い街なので、考え方も古いというか。

**えび** この辺の地主の人たちって、練馬区とか豊島区のＰＴＡ関係の人が多いらしくて、風営関係にはかなり厳しいというのを聞いていました。だから「これだと江古田は厳しいかな」と思っていたんです。

いっしょに探してもらったのがこのビルの1階にある不動産屋さんなんですけど、その方はビルのオーナーでもあるんです。ちょうどその頃ビルが建ったばかりで、2階の審査を受けていた人が審査に落ちて通らなかった。そこで「2階がぽっかり空いているんですけど、借りますか」と自分に声をかけてくださって。

**石井** これはチャンスだ、と。

**えび** 「うおっ、マジで」って。オーナーさんは僕がずっとゲームセンターを作るために店舗を探しているのは知っているので、そこは問題ないと。僕の見積もりはガバガバだったので少し足は出ましたけど、ここは頑張りどころだと思って決めました。内装がいくらかかるとか、最初はなかなかわからないですからね。

**豊臣**　発端は酒の席の話でしたし。

**石井**　でもそれを踏み切れるバイタリティ、というのが大事なんですよ。結局は。

スペースを借りた直後の写真。

筐体が置かれた状態の写真。

## えびせんを支える常連ゲーマーたち

**えび** ゲームセンターを開店したら、ＪＯＧＯ江古田のときの知り合いが50人くらい、入れ替わり立ち替わり来てくれればなんとかなるかな、と思っていました。そうしたら、50人どころじゃなかったんですよ。そんなに知り合いの方がいたのか、と思いましたね。それこそ僕が雑誌の誌面でしか名前を知らないような、スコアラーの方が来店されて。僕にとってはスターですよ、スター。

**石井** えびせんは２００６年に開店ですよね。もう今からゲーセン作ろう、なんて人がいない時代ですから。

**えび** その頃はスコアラーと朝まで飲みに行くと、みんな口をそろえて「場所があればゲーセンでハイスコアをやりたい」と言われていたので。これは意外にタイミングが良かったのかなと。

**石井** 他にゲームができる場所がなくなっていましたからね。

**えび** そうなんですよ。

**石井** 逆に言うと、昔はあまり経営努力しなくても良かった時代があったから。

**えび** もう置いておけば貯金箱みたいな感じで。この集金が終わったらベンツを買うんだ、という嘘か本当かわからないような話も聞きました。

**豊臣** 基板の値段も高騰しましたからね。

**えび** いや、まだ開店当初は今ほど高騰はしていなかったんです。基板については、本当に厚かましいんですけど「みんなやりたいゲームを自分で持ってきてくれるだろう」と思っていました。

**内山**　いくらなんでもそんなことはないですよね。

**えび**　いや、本当にそうでした。今はえびせんの所有基板が300枚くらいあるんですけど、えびせんで買った基板は20枚くらいだと思います。「家にあってもやらないからお店で使って」ってみんながどんどん基板を持ってきてくれて。もうなんだか良く分からない（笑）。

**石井**　それだけ潜在的にアーケードゲーマーがいたということですね。結局自分で基板を持っていても仕方ないし。

**えび**　名古屋のコレクターの方から、ダンボールで2箱くらい送ってこられたこともありました。好きに使ってくださいと。本当にありがたいんですけれど、良く見たらレアな基板も結構あって。「これを売ったらひと財産できるんじゃないの？」みたいな。

**内山**　このあたりに置いてあるのがそうなんですね。

**えび**　最初はこのショーケースだけでやっていたんですけど、両替機の下に入れても入らなくなって、ビルの地下にレンタルボックスを借りました。今はそこにも入りきらなくなって、実家に持っていってラックに並べています。ありがたいことにみなさんから助けていただいて。

**石井**　やっぱりみんなゲーセンをやりたいと思っていても、実際に動くとなるとなかなかできない。みんなが思うところがあるから、誰かが何かをやろう、というときにつながることができる。

**えび**　本当に感謝しかないですね。えびせんがゴールデンウィーク中の5月3日にオープンしたんですけど、この店何ヵ月持つと思う？　と聞いたときに、一番長く賭けてくれた人が半年だったんですよ。

**豊臣**　それはひどいな。

**えび**　でもそんなもんですよ。一番短く答えた人はゴールデンウィークが終わったら潰れると。二週間（笑）。

**石井**　今のゲーセンのそれこそ現状を見ていればそう思うのも仕方ないですよね。個人経営がバタバタ倒れていた時期ですから。

**えび**　だから僕も1年持つかな、という、そんなノリですよ。でもやってみると、意外にいけるなと。基本的に1人でやっているので、とにかく人件費がかからない。3年くらい1人でやって、風邪を引いたときだけ友達に代わってもらうみたいな。

**内山**　今は週2日休みですよね。

**えび**　かなり楽させてもらってます。でも他の店舗さんの店長さんって2000日くらい休んでない人とかいらっしゃるじゃないですか。本当に凄いですよね。頭が下がります。

**石井**　ゲーセンに限らず、店長となると大変ですよね。全然休めなくて社会問題になったりする。

**えび**　今はJOGO江古田時代からの20年来の知り合いにお店を任せているので、全然心配はないです。それでも最初の頃は休んでいても、何かあったときに大丈夫かと不安でしたね。

**石井**　会社の社長とか経営者とか、そういう人たちは本当に「この会社が潰れたら俺は死ぬ」くらいの勢いがありますからね。でも平社員の立場だとぜんぜんそうじゃない。

**内山**　ここは自分の店、という感じがしますよね。

**えび**　さすがにこんなに心配になるくらいだったら、店に出ていたほうが精神的に楽だと。みなさんそういった感じで休んでおられないんだろうと思いました。

## 2回あったお店の大きな危機

**内山** 今まで経営が苦しかったことはありますか？

**えび** もちろんありましたね。最初に危なかったのが3年目くらい、ケイブの『デススマイルズⅡ魔界のメリークリスマス』（２００９年）のときです。そしてその後の夏に出た『トラブル☆ウィッチーズＡＣ～アマルガムの娘たち～』（２００９年・タイトー／冒険企画局／スタジオシエスタ）。これはロケテストのときにスコアがカンストしていたにも関わらず、そのまま出しちゃって。

**石井** それではハイスコアラーがやる意味ないですからね。

**えび** 『デススマイルズⅡ』に関してはレベニューシェアですけど、その月にケイブに振り込むお金よりも振り込み手数料のほうが多い月とかありました。インカム２００円、振り込み手数料が３６０円。

**豊臣** あのシステムはあまりよくないと思いますね。

**えび** 毎月アップデートするシステム自体は面白い試みだったと思うんですよ。でも肝心のアップデートの内容がプレイヤーの求めているものと離れていた気がします。

**石井** あの頃はＸｂｏｘ３６０編集部でライターをしていたので、家庭用の『デススマイルズⅡ』をプレイしたことがあります。しかし正直に言って、あまり面白くなかったです。前作の『デススマイルズ』は面白いのに、どうしてこうなったんだと。それでも家庭用のほうが完成度が高い、ということは聞いていましたね。ゲーセンがβ版で家庭用が本番、と言われていた記憶があります。

**えび**　アーケード版は最初2キャラ、道中4面でラス面無し。そこから先にキャラが増えていって最後にラス面追加だっかなな。それ自体はいいんですけれど、根本的なシステムだけは変えないでくださいとプライベートショーの時に営業さんにお話したんですよ。システムが違うものになると、それで離れたお客さんはもう二度と戻ってきてくれないので。うちだと初回に一人ハイスコアをやってくれて、それっきりでした。あのときは完全に暗黒期でしたね。気合をいれて2台入れてましたし……。

**石井**　個人経営だと、そういうのが死活問題ですからね。

**えび**　そうなんですよ。あの年は本当にやばかったです。そしてその次が、東日本大震災のときです。地震自体の被害は、うちは幸いにもありませんでした。でも世間の雰囲気が厳しかったです。ゲームセンターが普通に営業していたら、石を投げられて窓ガラスが割られるんじゃないかという風潮で。

**石井**　自粛ムードの同調圧力がヤバかったですね。今は世間でかなり反省されていて、これじゃ経済が回らなくなってみんな余計に苦労する、ということが認識されてきた気がしますけど。

**内山**　パチンコ屋さんも大変だったし、コンビニも暗かったですから。ラーメン屋の営業時間も短くなりましたし。思えばすごい雰囲気でした。

**えび**　1ヵ月くらい計画停電の時期があって、その区画に入ってしまうと営業時間を変えなければいけなくなります。看板も出せない雰囲気だし、やっているんだかやっていないんだかわからない。そんな中、常連さんは仕事帰りに様子を見に寄ってくれたりして、それはすごくうれしかったです。

**石井**　みんなものすごく心配してくれただろうね。

**えび**　計画停電で今日ここまでしか営業できないから、それならもう飲むかって、お店の中で酒盛りを始めたこともありました（笑）。「このままゲームセンターを営業することは、果たして世間的に許されるんじゃろうか」みたいな話をしてましたね。

**豊臣**　自動販売機とか、あのときは電気を使うものがみんな怒られましたから。パチンコ屋さんはネオンをつけているだけでもけしからん、と言われていましたし。

**えび**　当時は未来への漠然とした不安感がありましたね。年月が経つにつれてそれも薄らいでいって、また頑張ろう、となりましたけど。

## 『ブロックアウト』が突然の大ブレイク

**えび**　運が良かったのが、震災の後のえびせんに、空前の『ブロックアウト』（１９９０年・テクノスジャパン）バブルが来たことですね。

**石井**　配信している、噂の『ブロックアウト』ですね。

**えび**　２０１２年のゴールデンウィークに『怒首領蜂最大往生』（ケイブ、以下『最大往生』）が出たんですけど、ここを勝負どころと見て2台ヘッドホン端子あり、ＤＶＤに録画できる環境で設置したんです。するとディズニーランドのアトラクション並みの行列ができたんですよ。開店待ちで人がいるのは当たり前で、常時20人、30人待ちの状態。

**豊臣**　マジですか。

**えび**　僕が整理券の配布とお客さんの呼び出し、録画の管理をやって、もう『最大往生』にピタ付きしていました。それでもう一人のスタッフが一般業務。ワンオペでは無理な状態で。

**石井**　そんなことがあるんだ。

**えび**　あるんですよ。店内に40人くらいの人がいました。

**石井**　もうその頃にはゲーセンの数がかなり少なくなっていますからね。地元のゲーセンだと、もう昔の基板が入る汎用の筐体がなくなってきている時期だし。なかなか遊べる環境がない。

**えび**　個人的に基板を買っている常連さんが2人いたので、そのお二人からは基板を借りることができて。マックス4台になりました。追加された2台は録画できないですけど。

連コイン無しコンティニュー有りでやると、みんなコンティニューしてラスボスまでやるので、1プレイだいたい1時間なんですよね。4台でも20人いたら、待ちは3〜4時間くらいになります。整理券を渡しているので、どのくらい待ったらいいかお客さんに分かるんですよ。だからその間に飯を食いに行ったり、店内で別のゲームをしたりできる。

**石井**　今だと、アーケードゲームの新作ロケテストの時なんかが似た状況ですね。

**えび**　その状況に、5台並んだ『ブロックアウト』がジャストフィットしたんですよ。『最大往生』を待っているお客さんが入れ替わり立ち替わり『ブロックアウト』を50円でプレイして、みんながみんなめちゃくちゃ難しい20面スタートでプレイし続けてるんです。このとき『ブロックアウト』の売り上げが1日2万を超えました。

**内山**　それはすごい。

**石井** そういうのが理想ですよね。何かの待ち時間にヒマを潰せるゲームがあるというのが。昔のゲーセンの良い時の流れ。

**えび** あのときのゴールデンウィークの売り上げはおかしかったです。

**豊臣** 『ブロックアウト』なんて、基板屋に行った時に「これタダで持っていけ」と言われたことがあります（笑）。

**えび** もともとそのくらいの基板ですよ。3000円くらい。

**石井** それがまさかの1日2万をたたき出す。

**えび** 『ブロックアウト』と『最大往生』がかみ合ったときの5月の売り上げは、いまだにベストです。

その後、『最大往生』でうちのゲームセンターのことを知ってくれた若い子たち、20代くらいのシューティング好きな子たちがその後もけっこう頻繁に通ってくれて、そのまま2013年の『クリムゾンクローバー』（タイトー／冒険企画局）に上手くつながってくれました。だから2012～13年はえびせんを開店してから一番充実してた時期ですね。

**豊臣** そのあたりで今の客層の固定化というか、土台ができたんでしょうか。

**えび** 不動の30～40代のプレイヤーは、一生ドロップアウトはない、というくらいに安定しちゃっています。

**石井** 一生ゲーセン勢（笑）。僕もあまり人のこと笑っている場合じゃないけど。

PLAYER 1
SCORE

## お客が基板を持ち込んで遊ぶという謎のシステム

**えび** 根底で支えてくれている常連の人たちのおかげで成り立っているんですけど、やっぱりそれだけだと淀むんですよね。新陳代謝というか、やはり若い子にとっては新しいゲームが出てくれないと。最後に買ったのはＮＥＳｉＣＡになるので。

**豊臣** 他に選択肢がないから仕方ない。

**内山** じゃあ今後も基板を買うことはなさそうですか？

**えび** いや、今年はＥＸＡ基板があります。

**石井** そういえば、ＥＸＡ基板の話がありましたね。作っているほうは元が取れるかどうかわからないけれど、入れるほうはかなり助かると思います。

**えび** 本当に助かりますね。久しぶりに新作ができるなと。大きな声では言えないですけど、いまだにみんながやりたいゲームを自分で持ってきてくれるので本当に助かっています。自分で10万とかお金を出して基板を買って、それを店に持ってきて、自分でお金を出してゲームをする。これはどういうビジネスモデルなんだろうと不思議に思うことがあります。飲食店で例えれば、食材をお客さんが買ってきて、自分で調理して飯を食って、お金を払うようなものですよね。いわばうちはテーブルと台所を貸しているだけという、謎のシステム。

**内山** 確かにそういう感じですね。

**えび**　「これはビジネスと言っていいんじゃろか、こんなことが許されるのか」と。

**石井**　確かに不思議な人たちに見えますね。しかしだからといって、アーケードゲームは家でやろうとしてもなかなかできないんですよ。僕は特にシューティングゲームはできないですね。

**えび**　意外に家で遊びたいと思って、アストロ筐体を買って環境を整えた人でも、家だとやる気にならない。結局オブジェになっているというのは、わりとよく聞く話です。

**石井**　家だと気合が入らないんですよね〜。

**えび**　それは分かる気がします。『クリムゾンクローバー』のＳｔｅａｍ版が出たときに、よーし！これで家でも練習できるぞ。アーケード版でやってないモードもやるぞー！って気合を入れて家環境を用意したんですよ。でも結局アーケード版でやってたモードしか触らなかったという。

**石井**　家でやるならぬるいゲームをだらだらやるか、真剣にやるなら短く区切れるゲームがいいですね。

**えび**　家だとアドベンチャーゲームだとか。

**石井**　彩京のシューティングは別として、普通のシューティングはそれなりに1面が長いので、あの集中力はゲーセンじゃないとなかなか続かないと思うんですよ。

**えび**　そう、寝っころがってやれるゲームじゃないと、今は家じ

ゃできないです。

**内山**　やはりアドベンチャーですか。

**えび**　そうですね。アドベンチャーかロールプレイング。

**石井**　アドベンチャーは何をやっているんですか？

**えび**　『シュタインズ・ゲート』はやりました。

**石井**　『シュタゲ』はいいですよね。なんだかんだ意図せず今回のＶＥの特集ともつながりました。本当は『シュタゲ』の話とか将棋の話もしたかったんですけど……。

（以下ビデオゲームとは関係ないアドベンチャーゲームや将棋の話で盛り上がる）

## プレイヤーが真剣にお店のことを考える時代へ

**石井**　さすがに将棋の話はきりがないのでそのくらいにしておきましょう。でも将棋って、ハイスコアと通じる部分があるというか、好きなゲームに命を賭けている感じがあって好きなんですよ。

**えび**　将棋は半端なく、そんな感じがありますね。

**豊臣**　どんなものでも真剣に打ち込んだことがあれば、そういう人たちの気持ちや雰囲気が分かるものだと思うんです。ただ真剣に打ち込むには、特定の環境がないと難しいので。

**えび**　そうですね。やはり環境はとても大事だと、つくづく思います。でも昔に比べて、ゲームセンターに対するプレイヤーの意識はだいぶ変わったと思うんですよ。

**内山**　それはどういうことですか？

**えび**　２０００年くらいまでは、ゲームセンターに来るお客さんは値下げしろとかメンテが駄目だとか、あのゲーム入れてくれとか、とにかくお店の状況関係なしに要求をする傾向が強かった気がします。言うだけ言って、店が潰れたら潰れたで、すぐ別の店に行けばいいや、という感じでした。

でもこれだけゲームセンターが潰れてくると、プレイヤーサイドの意識も改革されてきます。「あまりお店に無理を言うのはよくない」とお客さん同士が言うようになってきた気がします。ここ数年で特に。

**石井**　さすがにここ数年だと遅いよなぁ。

**えび**　そうなんですよ。もう時すでに遅しなのかもしれないですけど。震災後に建物の老巧化などで、一気にお店が取り壊されて減ってきてしまったので。

**石井**　場所によっては、世代交代でなくなった店もあるようだし。

**えび**　あのへんからプレイヤーもゲームセンターという、好きな場所を守る、ということを考えてくれるようになった気がします。

**石井**　もともとハイスコア集計だって絶対のものじゃなくて、みんなが頑張って作り上げてきた場じゃないですか。どんなきっかけでなくなってしまうか分からないんですよ。今はこのような状況ですけど、正直を言うとそれこそ20年、30年以上前から、一部の人に対して「なんで自分たちが楽しい場所をわざわざ壊すようなことをするかな」とは思っていました。

**えび**　だからプレイヤー自身が、自分たちのエゴとかやりやすい環境を求めるがゆえに、世界を潰しちゃうとか、狭くしちゃうというのはよろしくないと思いますね。

**石井**　そうですね。自分が楽しく過ごせる場所があるなら、それを守っていきたいですね。えびせんはゲームセンターを愛しているプレイヤーに支えられているようで安心しました。

**内山**　店内でだいぶ話し込んでしまったので、このあたりにしておこうと思います。営業に差し支えるといけないので。

**えび**　うちに関しては、だいたいこんな感じでございます。

**石井**　本日はありがとうございました。とてもいいお話を聞けました。また機会があれば寄らせていただきます。

（インタビュー収録：２０１８年３月）

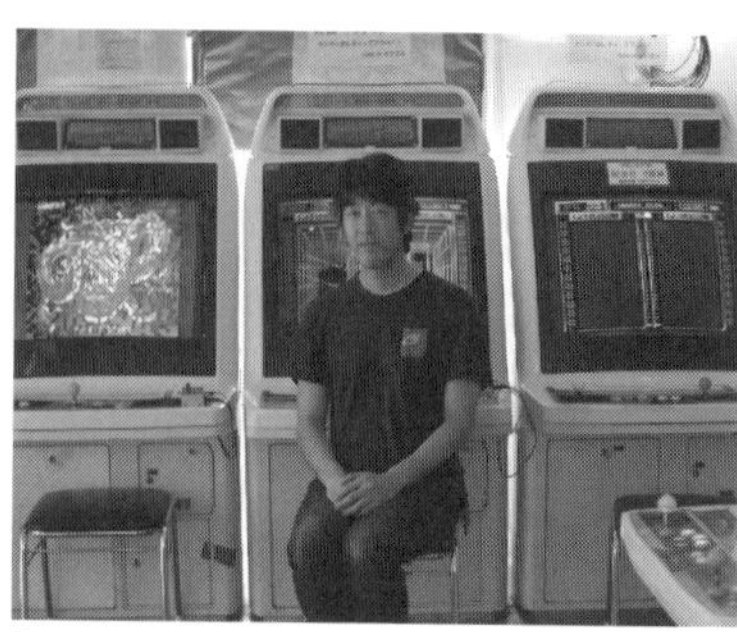

「Game in えびせん」。西武池袋線江古田駅が最寄りだ。

住所：東京都練馬区旭丘1-75-12 ヤジマビル2F

http://www.ebi-cen.com/index_t.html

## その後のえび店長

只今GWの真っ最中、自宅でこれを書いております。えび店長です。GWの期間に僕がお店にいないなんてことはえびせん開店からの14年間で初めてのことです。皆さまご存知の通り、現在新型コロナウイルスの猛威により日本中はもとより世界中であらゆる娯楽施設は感染防止の為、休業を余儀なくされております。えびせんも例に漏れず現在休業中です。もうこれは仕方ありません。今は何よりも感染拡大を防ぎ命を守ることが大事ですから。死んでしまったら大好きなゲームももう遊べません。いのちだいじに。

ですが娯楽なくして人は生きられないのもまた事実。皆さんの大好きな場所を守るために全てのゲームセンターが営業再開できる日を目指して必死に生き残ろうと歯を食いしばって頑張っています。いつこの状況が良くなり営業再開できるかは現時点ではわかりませんが、またお店で皆さまにお会いできるように僕も頑張ります。

それではまたゲームセンターで。

（Ｇａｍｅ ｉｎ えびせん　えび店長　２０２０年４月28日）

# 第三章

# ゲームの中で物語を紡ぐ男たち

この章では、アドベンチャーゲーム、RPGなどのジャンルでシナリオを担当する現役のクリエイター2人のインタビューを紹介する。

最初に紹介するamphibian氏は、ケムコでアドベンチャーゲームなどの制作を担当。人狼ゲームを題材にした『レイジングループ』(2015年)の面白さは、世のADVゲームファンに衝撃を与えた。今回収録したamphibian氏のインタビューは、アドベンチャーゲーム特集と銘打って刊行された、電子書籍『VE』Vol.2(2018年)で取材したものに、後日メールインタビューした分を加えたものである。

次に紹介する宮下英尚氏は、ゲームのシナリオを一貫して書き続けてきた、気鋭のゲームシナリオライターである。学生時代に制作した『Lost Memory』でデビューし、近年は『千里の棋譜 ～現代将棋ミステリー～』をリリース。注目を集めている。このインタビューは、本書の企画が決まってから行った、新規のものである。

ビデオゲームは様々な要素を含んでおり、シナリオはその一部分である。しかしジャンルによっては、シナリオが中心的な役割を果たすゲームもあり、独特の世界がそこにはある。ここでは「魅力的なゲームシナリオとは何か」を追求する者の思考を、浮かび上がらせることにする。

Chapter Three

## Scenario

# amphibian

あんひびあん

“

たとえインターフェイスがゲーム的ではなくても、ユーザーがゲームだという認識で物語に向き合ってくれれば、それはゲームとして成立するのではないか。それから私は「これはゲームだ」という認識のもとにシナリオを書くようになりました。

”

これまでアドベンチャーゲームは、あまたの才能ある物語の書き手を生み出してきた。しかしプレイ時間が長いこともあり、いまだ多くの人が気楽に触れることのできるコンテンツとは言いがたい。ニッチだが注目すべき市場として、濃いユーザーが目を光らせているというのが現状だ。

その中で彗星のように現れたのが、スマホ発のノベルアドベンチャー『レイジングループ』（ケムコ）であった。2017年に行われたファミ通アドベンチャーゲーム総選挙では、『STEINS;GATE』や『かまいたちの夜』など歴代の名作が候補に上がる中、見事7位に食い込んだのは記憶に新しい。

『レイジングループ』を一言で表せば、〝人狼×Jホラー〟といった内容である。

ツーリングの最中、藤良村・休水集落という貧しい集落に迷い込んだ主人公は、謎の霧に包まれて脱出不能となる。立ち込める霧の中、村人たちは「黄泉忌みの宴」と呼ばれる、奇怪な処刑儀式を進めていく。主人公は死んでもなぜかやり直すことができる〝死に戻り〟という能力を得て、惨劇の裏に潜む謎を解き明かしていくことになる。

『レイジングループ』
2015年に配信が始まったこの作品は、後にPS4、PS Vita、PC、Nintendo Switchに移植され、多くのファンを獲得することとなった。

人狼ゲームを題材にした『レイジングループ』は、現在のアドベンチャーゲーム界の最先端を行く作品といえるだろう。

シナリオを担当したamphibian（あんひびあん）氏へのこのインタビューでは、さまざまな角度からお話を伺った。ゲームの話題から派生し、SF、ミステリ、そして人生観にいたるまで、さまざまなことについて語られている。

『レイジングループ』のファンの方は、インタビューの濃厚な内容を楽しんで欲しい。また初めてこのタイトルの名を聞いた方、まだプレイしていない方は、ぜひこの機会に遊んでみることをオススメする。

## スマホ発の異色ＡＤＶゲーム『レイジングループ』

**石井**　最初はスマホのアプリで発売されたノベルアドベンチャー『レイジングループ』ですが、現在ではＰＣや家庭用ゲーム機に移植され、ここまで順調に伸びてきていますね。

**amphibian**　ありがとうございます。スマホアプリとしてみた場合、『レイジングループ』はプレミアム版が1600円と、破格に値段が高かったんです。それなのに特定の客層が、がっつりと買ってくれました。これならコンソールでもやれるんじゃないかということになり、コンソールで売るにあたって価格が上がるぶん、フルボイスにして映像を新たに足させてもらいました。

**石井**　同じゲームですけど、複数のメディアから発売されると、ある意味メディアミックスみたいな形で広がりますよね。

**amphibian**　そうですね。幅広く展開することになりましたが、スマホ版は無料の部分があるので、とりあえずそこから入ってくれる、というのが良かったと思うんです。

　ただスマホから走り出すと、どうしても値段を高くするのに限界があるので、難しいところですね。

**石井**　そこからの展開を考えると一長一短かもしれません。

**amphibian**　結局『レイジンググループ』のPS4パッケージ版は税込み3600円で発売されましたけど、「ボリュームとしてはフルプライスでいいんじゃないか」と言われることも結構あるんですよ。

**石井**　家庭用のパッケージ版、ダウンロード版から入った人は、みんなそう感じていると思いますよ。

**amphibian**　ただPS Vita版発売のときには、ドワンゴさんにニコニコ生放送をやっていただいたりして、かなりインパクトはあったと思います。しかし、プレイヤーの広がり方は思ったよりゆるやかでしたね。アドベンチャーのメッカなので、火が付くならここかと思ったのですが。

**石井**　当時僕はPS Vitaで出たことを知らなかったですからね。PS Vitaはタイミング的に女性向けのアドベンチャーがたくさん出てきていて、かえって見つけづらくなっていたと思います。どれが女性向けなのかな、とネットで検索しながら全部当たって、女性向けとそれ以外を分けていかなければいけないので。僕が遅ればせながら『レイジンググループ』を知ったのは、ファミ通のアドベンチャーゲーム」総選挙でしたから。

**amphibian**　ファミ通の総選挙でベストテン入りするとは思っていなかったです。あれは確かにひとつのブレイクスルーだったと思っています。並み居る名作の中に、なぜかうちのゲームが載っていました。

**石井**　90年代のギャルゲーからずっと続いてきている、アドベンチャーゲームのファンというのが一定の数います。今は狭い市場ですけど、彼らはそのニッチなところにどれだけ凄いものが出てくるか、いつも見ています。

そういう人には、スマホアプリってターゲットに入らないんですよね。彼らがファミ通総選挙を見たら、「納得のランキングだけど、この7位に入っているこれは何なの?」という感じだと思うんですよ。

**amphibian**　本当に運が良かったと思います。ある意味悪目立ちというか、謎の目立ち方をしたので皆さんが興味を持って手に取ってくれたという、ちょっと神がかった展開ではあったな、と思っています。

**石井**　それを見てPS4でダウンロードして、すぐに最後までプレイしました。もっと早く見つけられなくてすみません。

**amphibian**　いえいえ、見つけていただいただけで幸いです!　携帯ゲーム系のノベルゲームというのは有名な作品がいくつかあるんですけど、PCの同人からとか、ガラケーからが多いですね。完全にスマホからというのは、今はまだ少ないと思います。

**石井**　僕も同人で面白いアドベンチャーを探していたくらいですからね。だから完全にエアポケットに入っていました。

ちなみに『STEINS;GATE』ですら、Xbox360ユーザー以外には1年以上知られていませんでしたよ。Xbox360ユーザーだけで神格化されていて、一般に浸透するまですごく時間がかかっています。典型的なジワ売れのパターンで、アニメ放送とPS Vita版の発売が重なって爆発しました。

**amphibian**　同じパターンをたどれるといいなあ（笑）。レイジンググループでも狭い範囲ではかなり気に入って下さった方もおられて、スマホ版の時点でコスプレをしてくださったりとか、ファンアートを描いてくれたりしてくれていました。

ゴジラインさんに掲載していただいたり、ラー油さんのブログに取り上げていただいたり、Togetterでまとめていただいたりと、ゲームライターさんにも助けていただきました。ホビージャパンさんのレイジンググループ完全読本も、そのご縁でお話をいただいていますしね。

**石井**　完全読本はすでに注文してあります。正直に言うと、僕も完全読本に参加したかったです（笑）。

**amphibian**　あとはSwitchに移植したのも大きかったですね。たまたまユーザーがソフトに飢えていた時期だったというのがあると思いますし、片手で遊べるよ、というところもバリューにできました。Switchでユーザーが選んだソフト8位になったのはありがたいことです。

**石井**　ネットでブログを見たりすると、うわさを聞いて半信半疑で買って始めて、物語にハマっていくさまが面白いですね。

**amphibian**　Ｔｗｉｔｔｅｒやブログで「気づいたら徹夜してしまった」という感じで面白さを語ってくれた人が多かったです。

その熱量が伝播して、いくつかのブレイクスルーを経てここまで来られた、という感じです。本当に皆さんに愛された、ありがたいタイトルだなと思っております。

## ノベルゲーム立ち上げのきっかけ

**石井**　それでは、ここからは少し詳しくお話をお聞きしていきたいと思います。現在のケムコはＲＰＧをメインに制作している会社ですが、なぜノベルゲームを作ろうと思ったのですが。

**amphibian**　弊社はパブリッシャーで、デベロッパーでは基本的にないんですよ。社内で作るゲームも、ミニゲームであるとかそういうものに限られていました。もともと私もゲームを作るスタッフとして入ってきたわけではありませんでした。

あるとき、開発会社さんのひとつにアドベンチャーゲームをご提案いただいたんですよね。それが人狼ゲームの要素のあるデスゲームものでした。それが２００９～10年くらいで、まだ人狼ゲームが

流行る少し前の時期でした。

**石井**　一時期テレビ番組で人狼ゲームをやっていましたね。僕はその番組で人狼ゲームを知りましたが、今思えば、だいぶ早い時期だったのかもしれません。

**amphibian**　そうですね。そのあたりで米澤穂信さんのミステリー、『インシテミル』が話題になっていて、どんどん流行ってきていました。

　私が最初に人狼ゲームに出会ったのはもっと古くて、『ウルティマオンライン』のプレイ日記からです。その中で、そういう遊びをしている人がいることを知りました。ゲームの中で遊ぶための特別な工夫がされていて、「死んだ人は毒を飲んでください」とか決められていました。

**石井**　それはまたディープなところから出てきましたね。

**amphibian**　『ウルティマオンライン』は自由度の高いゲームなので、結果的にいろいろな遊び方ができたんだと思います。自殺したら幽霊になるので、他の人と話ができないので口封じになるとか、そういったシステムを利用して遊ばれていたんですね。

　そんなわけで、私は企画の当初から人狼ゲームについては知っていました。開発会社のスタッフと打ち合わせを重ねていたんですけど、……最終的にはほぼ全部こちらのほうで書くみたいな感じになってしまった、というのがきっかけです。

**石井**　それは『レイジングループ』ですか。それとももっと前の作品でしょうか。

**amphibian**　『鈍色のバタフライ』というゲームですね。それが、私がシナリオを担当した最初のゲームということになります。これはガラケー向けのゲームだったんですけど、意外にユーザーの反応が

『鈍色のバタフライ』
©2016 KEMCO

良かったです。

**石井**　最初から作ろうと思っていたわけではないんですね。

**amphibian**　そうですね。成り行きでなったと言われれば確かにそうです。私は大学時代に文芸サークルに入って小説を書いていたんですが、特にライターとして会社に入ったというわけではありません。しつこく会社説明会に来ているヤツがいるから、採ってやろうという雑な感じで（笑）。

**内山（本誌編集者・スタンダーズ編集部）** いずれはシナリオのほうへ行くとか、まったく考えていなかったんですか？

**amphibian** 会社のほうも何をさせたらいいか分かっていなかったらしく、サイト構築とかデバッグとかいろいろ幅広くやりつつ、特に専門的な職能はないな、みたいな感じでした。

ＰＨＰを勉強してＳＥの方面に行くとか、あるいはＲＰＧでシナリオを手伝っていければと思っていたんですけど、ノベルゲームができるとは思っていませんでしたね。

もし文章を書くのであれば、自分で投稿をして小説家デビューを目指したほうがいいのかな、と思ってはいたんですけど、本当にラッキーというか、機会に恵まれまして。

仕事の関係で〝デスゲーム書き〟みたいな作家性になってしまったのは、個人的に良くも悪くも、という感じです。それまでデスゲームを書いたことはなかったですし。

**石井** もともとデスゲームものが好きだったわけではないということですか。

**amphibian** そうですね。デスゲーム作品をちゃんと読んだことがなくて……『バトル・ロワイヤル』のような有名な作品の名前くらいは知っていましたけど。どちらかといえば、あとから勉強した、という感じが近いかなと思っています。

そういうわけで、たまたまきっかけがあったからノベルゲームを作り始めた、というところです。その評判が良かったので「次もやっていいんじゃない？」と。それなら次は、前よりもさらに良いものを出したい。そう思ってやってきました。

## ノベルゲームは読み物なのか、ゲームなのか

**石井**　先ほど「ノベルゲーム」と言ってしまいましたけれど、正確に言うと『レイジングループ』は〝ノベルアドベンチャー〟と称されていますね。

『レイジングループ』には分岐があって、KEYを集めないと進めないルートがあります。最近のノベルゲームは選択肢がほとんどないものもありますが、それに比べるとアドベンチャーゲームに近いのかな、と感じました。

**内山**　僕は逆に、これは読み物ではあるけど、ゲームと呼べるのかな、と思いました。『レイジングループ』の場合、選択肢があるといっても、先に進んでデッドエンドするだけですよね。僕が最近のノベルゲームを知らないからかもしれないですけど。

**石井**　あえて〝ノベルアドベンチャー〟と名づけたのはどうしてですか?

**amphibian**　これをノベルゲームとしていないのは、ひとつには分岐があるからですね。

正しい定義かどうかはともかく、分岐がないものをノベルゲームと呼んでいる人たちもいるので。ノベルゲームというと、本当に読むだけのもの、と捉える人もいます。それがときにマイナスイメージになることを、肌で感じていましたので。

また〝アドベンチャー〟とだけ言うと、今度は逆に画面のポイントクリックであるとか、自由度の高い調べものができるとか、戦闘もありますとか、幅広い要素をイメージすると思うんですよ。

それをやろうとすると、複雑なフラグ管理とかパラメータ管理が入ってきてしまいます。だから〝ノベル〟という名前をつけたということです。

またケムコのアドベンチャーというと、『シャドウゲイト』『ディジャブ』『悪魔の招待状』といったファミコン時代の作品をイメージしがちです。そこで〝ノベルアドベンチャー〟という名前でブランディングしたということです。

**石井**　いろいろ複雑な意味があるんですね。

**amphibian**　その上であえて言わせてもらえば、ノベルゲームに対して「これはゲームではない」という観点があるのはよくわかっています。

私は『ひぐらしのなく頃に』を大学時代に遊んだ世代ですが、そのときにサークルで「これはゲームなのか」という議論がありました。私はそのときの「『ひぐらし』は完全に一本道だが、これはゲームである」という主張に同意しています。

『ひぐらし』ではプレイヤーへの挑戦というものが大枠で行われていて、誰が謎を解けるか、という問いかけがあります。つまりゲーム的な体験を与える物語である、という意味があるのです。

たとえインターフェイスがゲーム的ではなくても、ユーザーがゲームだという認識で物語に向き合ってくれれば、それはゲームとして成立するのではないかと思うのです。

それから私は「これはゲームだ」という認識の下にシナリオを書くようになりました。その後もゲームである物語という認識の元に、経験的に学んだことをフィードバックして書くようにしています。

## 小説とは違う、ゲームシナリオとして求められるもの

**石井**　感覚的なものですが、ノベルゲームのシナリオは、小説として本で読むのとはどこか違うように思います。

**amphibian**　私も違うと思っています。小説の場合は、もうちょっと読者が受身になっているというか。

**石井**　それがシナリオの内容に関係してきますか？

**amphibian**　例えばゲームである以上、ただ悲劇で終わるとか、絶望で終わるとかいう話はもう書けないな、と思っています。

ゲームである以上は、ユーザーはそれに凄く集中するし、攻略しようという心を持って挑むので、その結果何かを得なければいけない。結果的に最後にスカをつかまされたら、プレイヤーとしては、ゲームに対しての評価は低くなります。

**石井**　それに比べると、小説にはいろいろなスタイルがありますよね。場合によっては悲劇的な結末もある。

**amphibian**　映画にしろ小説にしろ、かなり幅広い展開と結末が許されていると思うんです。それは

受け身のメディアとして認識されているからだと思うんですよね。読者や視聴者は、与えられるものをもらうだけですし。体験や感情も作者にゆだねる心持ちがあるというか。

**石井**　極論を言えば、第三者として俯瞰的に見ているところがありますね。もちろんキャラクターに思い入れはできますけど、果たして完全に自分だと思えるかどうか。人それぞれの部分もあるでしょうけど、一歩引いている感じはあります。

**amphibian**　そう思います。それに本にしても映画にしても、残りの分量や残り時間で、だいたい話の展開が見えてしまう。すると、こういう結末を迎えるだろうなと予測がつく。

**石井**　そうですね。これもひとつのゲーム性というか、スポーツの試合でも録画の場合は、尺に収まるからここら辺で決着がつくんじゃないか、と分かったりすることがありますから。

**amphibian**　それに比べるとゲームの場合は、その先がどれだけあるか分かりづらいですよね。それがアドバンテージかどうかはわかりませんが、普段厚い本を読まない人でも、気づいてみたら膨大なテキストを読んでいる、ということが結構あるわけです。

**石井**　アドベンチャーゲームのシナリオって、基本的にすごく長いですよね。

アニメを見るよりも本を読むほうが精神的なカロリーを消費するけど、アドベンチャーゲームになるとさらにボリュームがあってカロリーが必要になる。体験がディープで、やっている人と、ただあらすじを聞いただけの人では、のめりこみ度合いが全然違います。

**amphibian**　時間が長いぶん、体力的な消耗も相当あります。ユーザーは没入して、事件に関して主人公と同じ感覚や思考を共有しているはずだと思うんです。それなのに、オチが「みんな死にました」

だと……。

**石井**　デスゲームものは、普通死にますからね。

**amphibian**　そうなんですよ。これまでうちで作ったデスゲームものが3作あるんですけど、どれも基本的に生き残る人、死ぬ人が決まっています。

さらに、2作目は主人公が最終的に敵側に立って復讐を遂げる、という感じのところがあるんですが、それを嫌う人が結構多かったですね。かなり悲劇性の強いものにしたんですけど、凄く気に入ってくれる人がいる一方で、凄く嫌う人もいて。

**石井**　エンタメとして見ると、好みが分かれるところはあるでしょうね。作り手がシナリオを作っているわけですが、能動的に動くプレイヤーとして見ると、なんでこういう選択肢を取れないんだ、と思ってしまう。

**amphibian**　そのとおりですね。ここをこうすれば生き延びられるはずじゃないかとか、なぜこいつ気づかないんだとか、そういう不満につながっていく。

プレイヤーの不満をつぶしていくことが必要だ、というのが、これまでの学びから得たものです。やはり最終的にはプレイヤーが望む結末にたどり着けるようにしておかないといけません。『レイジングループ』には、そういった考え方が反映されています。

**石井**　エンタメだからハッピーエンドにしなければいけない、というのではなくて、ゲームと考えたからそうなった、というのが興味深いですね。

ゲームでプレイヤーがキャラクターを操作しているときに感じる不満点があれば、それを解消させていくのは作り手として当然です。しかしプレイヤーが干渉する余地が少ないシナリオで、ゲーム的な考え方をするというのが面白いです。

## 人狼ゲーム＋和風という世界観

**石井**　『レイジンググループ』は明確に人狼ゲームを題材にしていますが、これにはどのような意図があったのですか。

**amphibian**　人狼ゲームを題材にしたのは、ひとつはこれまでの作品が人狼ゲーム系だったということがありますね。それを踏まえて、そろそろ決算をしたいというのがありました。

もうひとつは、社内でマーケティングに興味があるスタッフが、「今の人狼だったらSEO的にいける」と、そういうことを言ってくれたんですね。さらに、その人狼をどう扱うかといったときに、そのままやるんじゃなくて、ゲームのルールをちゃんとお話にして、しっかり説明をつけるようにしたらいいのではないかと。

それはある意味、私がやりたかったこととも合致していました。人狼ゲームの理不尽なルールに上手く説明をつけてひとつのお話しにしたら、ゲームのネタを人狼ゲームに逆輸入してくれたりとか、そういう形で展開してくれたりするかもしれないね、と。そのうえで最初に決めたのが、和風の世界観にしようということです。

**石井**　このゲームに和風はすごく合っていたと思いますよ。少し前では『ひぐらしのなく頃に』、古くは横溝正史のミステリー作品がありますが、この世界観はやっぱり魅力的だなと。

**amphibian**　やはり日本の原風景というか、どこか憧れもあるし、自分たちの原点にある恐怖のようなものを見たい、という思いはみんなあるんじゃないですか。私の場合は横溝正史というわけではなく、昔から自分が読んできた作品の影響だと思います。

**石井**　それはどのような作品ですか。

**amphibian**　幼い頃に読んだ、絵本や日本の昔話ですね。子供向けの昔話の冊子に、大量のお話が載っていて。その中に『耳なし芳一』とか『八百比丘尼』であるとか、そういう怖い話も入っていました。

**石井**　僕も日本の怖い昔話はとても好きです。僕は小学生の頃に『日本の怖い話』という児童書を読んだんですけど、その中の『四谷怪談』が本当に怖かったです。寝るときに布団の中でガタガタ震えていました（笑）。

**amphibian**　日本には古い、怖い昔話がたくさんあって充実しています。『カチカチ山』だって本当は怖いし、グロい。そういったものを読んでいくうちに、怖い話と悲しい話、切ない話の親和性というものに気づいていったんだと思います。

## 現実的には破綻している〝人狼ゲーム〟

**amphibian**　私はいわゆる設定厨なんですけど、お話の中で説明のつかないことがある場合、その世界は成立し得ないと思っています。

自分がお話を作る場合は、説明がつくように設定を積み上げていくんですけど、人狼ゲームにその点で不満があったからこそ、この作品を作ったという面があると思います。

**石井** それはどういうことですか？

**amphibian** 人狼TLPTというのはご存知ですか。スタッフが好きで私も見せてもらったんですが。

**石井** いや僕は知らないですね。

**amphibian** ニコニコ動画での配信も行っているコンテンツで、人狼ゲームと舞台演劇のハイブリッドみたいなコンテンツです。

舞台設定にはファンタジーからSFまでかなりバリエーションがあって、舞台を深海の研究施設の中にしているものや、『ドラゴンクエスト』とコラボしたものもありました。役者さんが演技しながらアドリブで人狼ゲームを行うんです。

**内山** それは面白そうですね。

**amphibian** ええ、非常に面白いです。そういった、「人狼ゲームのルールを舞台設定の中核に据えたフィクション」は、そこそこ見るようになったと感じています。

「デスゲームのプレイヤーとして人狼をやる」のではなく、「人狼のルールそのままの事件が実際に起きて、当事者として巻き込まれる」パターンが、結構増えてきたのかなあと。

しかし、まあルールをなぞっているのだから当然なのですが、こういった作品では「ルールそのものに疑念をさしはさむ」ことはできません。

なぜ登場人物がルールを破って暴走しないのか？　なぜ人狼は一晩に1人しか殺さないのか？　人

狼が残り1人でも3人でも、絶対に1人しか殺さないのはなぜ？　こういった疑問は、作品の本質たる掛け合い、騙し合い、キャラとキャラのぶつかり合いを描くにはジャマなので、あくまでルール、前提として処理されるわけです。

ただ、私のようなひねくれ者は、裏側を掘りたくて仕方なくなるんですよね。「なぜそうなったのか？」「ならばこうすれば回避できるのでは？」「できないなら、その整合性を出すためにあんな設定が要るな、こんな設定はどうだろう」と。

**石井**　既存の人狼ゲームの場合、みんなそれが当たり前と思って、何の疑いもなくルールに従ってやっていますよね。

対して『レイジンググループ』では、最初に主人公が「人狼は一晩で何人殺せるのか」というのを最初に聞いていています。当たり前のことですが、一晩で何人も殺せたら、すぐに人間側が食い殺されて負けてしまう。その前提をちゃんと確認させている。

**amphibian**　そのとおりですね。そういう、世界法則としての瑕疵を埋める設定を補完して、「ルールだから」以上に納得できる世界観を提示してみたかったんです。

人狼ゲームは面白いけど、世界観としてはめちゃくちゃで破綻している。短時間のゲームや舞台の設定として、リアリティをある程度犠牲にして採用するのは適しているけど、そこから一歩踏み込んで、ひとつの架空世界だと考えるには、足りないものがたくさんある。

**石井**　まあ冷静に考えると「今からあなたを殺します」となったら普通は逃げるし、「分かりました、俺は死にます」とはならないだろうと。

**amphibian** そうです。だから「実際はこれくらい設定を積まないと成立しないぜ?」という、非常にひねくれた一石を投じてみたわけです。

一石といえば、「人狼はカジュアルに広まってるけど、大変むごいゲームですがいいの?」という石も投げた気でいます。

実際にやっていることは、ゲームを勝つためにウソをついたり、殺すだの、殺さないだの言ったりしているわけですからね。客観的に見て、残酷というか、狂っているというか。それを何も考えずにやっているとしたら、狂気に陥っているよと。

**石井** 人狼ゲームをやっているときは、これはゲームだから、と思って思考停止しているところがありますからね。疑いもなくルールに従っている。

でも『レイジンググループ』では、そこから一歩踏み込んでいますよね。人狼ゲームが現実に起こったらそうはならないだろう、というところをとことん突いてきますから。だからこそ説得力が生まれるというか。

**amphibian** 人狼の本質は、楽しいロジックゲームには留まらなくて、相手を多数決でやっつけ、完全に黙らせてしまう怖いゲームでもあります。

そこをうまく提示できれば、人狼を楽しんできたみなさんをドキッとさせて、印象づけることができないかな、と思いました。ウソをついて相手を貶めようということに、どれだけの覚悟と狂気が求められるか。それをリアルに表現すると、刺さらないかなあ、と。

**石井** 人狼ゲームは、ゲームだから理不尽なルールをみんなが受け入れる。でも良く考えると、現実もそういうものかもしれませんよ。本当は理不尽なのに、みんながそういうものだと思い込んでいたら、現実はそうやって回っていってしまう。

この作品の主人公のように、当たり前の前提を問うことができる人間というのはある意味異端の存在。すべてのくびきから離れたものでないと、それはできない。

**amphibian**　だからこそ、あの主人公が評価されたのは確かだと思います。初めて入った場であれば、同調圧力は特に強いですから、そこであれだけ物を言って抗える人物というのは、ある意味で、現実における理不尽や不可解を打破するヒーローとして、見なされ得たのかもしれません。

## 狂った主人公を書いてみたかった

**石井**　『レイジングループ』をプレイした人がよく言っているのが、他のどの登場人物よりも主人公がヤバイ奴だ、ということです。

感情のないサイコパスのような感じというか。主人公をこのようなキャラクターにしたのは、何か理由があるのでしょうか。

**amphibian**　ひとつの理由として、そういう人でないとこの事件を解けないいんじゃないか、というのがあります。

あらゆる道徳観念を脇において、色々な選択や決断を躊躇なく行えなければ、死に戻りを活用して深すぎる迷信の闇には切り込めない。

言い換えれば、ユーザーが選択肢を選ぶのに、制約がない人物にしたかった、ということです。例えばユーザーは、「ここで全員殺したらどうなるのかな」というような、極端な解答を試してみたいはずだと思うんです。そのたびに主人公が懊悩していたりすると、ユーザーから見ればうっとおうしくなる。またそれによって考え得る選択肢を主人公が選べなかったら、それはあまりよろしくないと。

**石井**　それでは話の展開が遅くなってしまいますからね。

**amphibian**　思考のスピード感を出すために、必要の無いものを切り捨てた、最初から無いキャラクターを作ってみたかったわけです。

**石井**　なるほど、作劇の上での理由があるんですね。

**amphibian**　また個人的に、狂った主人公というのをどうしても書きたかったんですよ。過去にそれに憧れて書いたことがあるんですけど、あまりうまくいかなくて。

担当した作品を振り返ってみると、最初の主人公はもともと私の企画ではなかったこともあり、ごくまっとうな熱血主人公でした。仲間が死んだことにすごく悲しむし、信じて裏切られるし、最終的にはある程度、命の選別をすることで、悪いやつを倒して仲間を救う。ごく正常な、デスゲーム主人公ですね。

次の作品はちょっとひねったんですよ。デスゲームは早晩ネタが尽きると思っていたので、もう攻め方を変えるしかない。それで青春ものにしたんです。

青春かつ暗黒ものというか、どろどろとした情愛、情念、怨念みたいなものを呪いというフォーマットに押し込めて、それがデスゲームによって加速してしまうようなお話にしました。

キャラクターそれぞれに、すごくディープな精神的な問題や、家庭の事情などがある。主人公はこの仲間たちがいなくなるくらいなら、全員一緒に自殺しよう、と言えるようなキャラクターにしました。しかしその主人公を、うじうじしているだけ、というように捉えた人もいたんですよね。

そのあとに作ったのが、デスゲームではないんですけど、犯人という黒幕を探す要素があるラブコメ兼伝奇の『D.M.L.C.』という作品でした。この作品の主人公は、頭が悪い系、いわゆるバカキャラです。

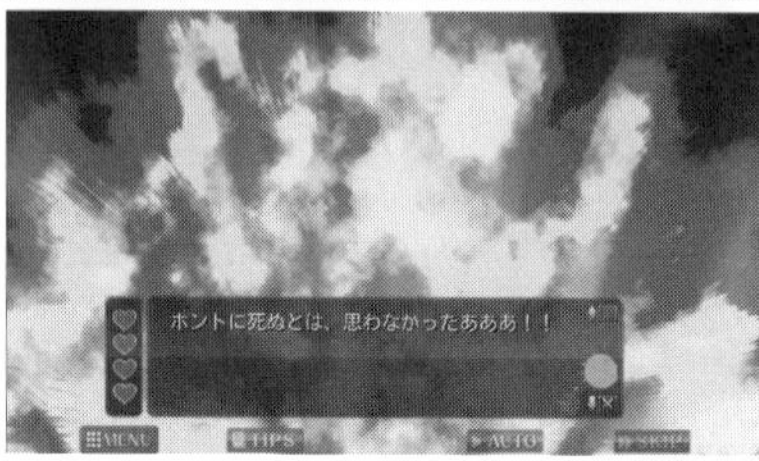


『D.M.L.C. デスマッチラブコメ』

この主人公はバカなんですけど、何も考えていないのではなくて、考えすぎて動けなくなってしまうヤツでした。ゲームの中で「宣言されないと愛しているかどうか判別できない」というルールを設定していて、告白されると愛しているという実感がわくので爆死してしまいます。

逆に言うと、言われない限り愛していることを理解できないキャラクターとして成立させようとしました。

するとユーザーに「こいつはちょっと頭がおかしい」と言われたんです。そこで気づいたのは、自分のルールで動いていて一般道徳に縛られないということは、すなわち狂人なんだな、ということです。狂気を持った魅力的なキャラクターが、そこにあるんじゃないかと。

**石井**　『レイジンググループ』流に言えば、いわゆる「神の制約を受けていない」キャラクターということですね。

**amphibian**　そのとおりですね。だからこそ、神殺しの英雄になれるのではないか。そんなことを考えながら主人公のキャラクターを作りました。

そのときサイコパスという概念を知って、共感性がないとか、道徳的に理解できないとか、そういったキャラクターを作ったらどうなのか……ということを考えていきました。

**石井**　他のインタビュー記事にも載っていたのですが、最初から主人公はサイコパス設定だったんですね（笑）。

**amphibian**　そうです。もっと最初のほうは皮肉屋というか、嫌なキャラクターだったんですけど、書いているうちにその要素が抜けていって、突き抜けて何も無いキャラクターになりました。

自分の中には道徳的な縛りも信念も何も無いから、他人の道徳概念にも関係なく、なんでもすることができる。ある意味恐ろしい、善良なサイコパスというキャラクターを提示できたかなと。

**石井**　僕がこの主人公に魅力を感じるのは、既成概念に捉われないというところです。コイツは何かを成し遂げられる人間ですね。絶望的な状況でも、打破していける力を持っている。

**amphibian**　それをどこから感じていただいたかというのは、すごく興味深いところです。

**石井**　とにかく頭がいいし、どうしたら解決できるのかというのを常に論理的に考えられる。

それがあまりにもある方向に突出してしまっているからあまり共感はされないかもしれないですけど。本人も共感されたいと思っていないだろうからいいのかな？

**amphibian**　そうですね。何も気にしないヤツなので。

**石井**　共感できなくても、何かをちゃんと変えてくれるヤツ。そう考えれば、それなりに頼れるヤツではあるんじゃないですかね。何も結果を残せないヤツよりも断然良い。

ただ個人的に近くにいたら、こいつのせいで被害を受ける可能性もあるので、実害を被りたくはないというのはありますけど（笑）。

**amphibian**　はい、きっと実害ありますね。主人公に対して、意識していたのは詐欺師なので。実際に出会ったら本当に迷惑をかけてくるキャラクターだと思うので、厚顔無恥で、かつ憎めない、みたいな感じを描けるといいな、とは思っていました。

KEMCO

## ダークヒーローの持つ神秘性

**石井**　しかし主人公が共感しにくいタイプだというのは、作品としてリスクもありますよね。

**amphibian**　主人公に共感しているつもりの人は、プレイしている途中で意識を変えなければいけなかったかもしれませんね。

　主人公は信用できる自分の分身ではなくて、ある意味敵というか、自分ではないものなんだと。本作は暗黒編で主人公が残酷なことをし始めるんですけど、それについて「主人公がループしすぎて狂った」と表現した人がいるんです。それは、主人公の行動をそうやって納得した、ということだと思うんですよ。

**石井**　僕は、最初のほうから主人公がそういうヤツだと思っていたので、特に違和感はなかったです。そうでない人には、そこで主人公が変わったように見えるんでしょうか。

**amphibian**　おそらくそうだと思います。機知編のあたりから、おかしいところは見せていたつもりだったんですけど。

**石井**　少しネタバレになりますけど、僕は暗黒編のシナリオを読んで、よくこれをやってくれた、と思いました。

　どうしてもプレイヤーは、主人公のことを自分の分身として捉える部分がある。そうすると、ゲームの進行にプレイヤー自身の倫理観が影響せざるを得ない。そういう問題があるので、本当に主人公が狼側に立つシナリオが出てくるのかな、という期待と疑問を持って序盤からプレイしていました。

**amphibian**　その期待に応えようと思って作りました（笑）。

**石井**　暗黒編では「うわ、本当に来たよ」と思いましたね。

自分を主人公と重ねている人にとっては、自分の倫理観へのタブーを犯していくわけだから、とても強烈なものになっているという印象です。こういうものは、やっぱりなかなかないですよ。

**amphibian**　ありがとうございます。

**石井**　自分とは違う悪人であったとしても、悪人なりに突き抜けた何かを持っていれば魅力的に見えますね。

**amphibian**　そのはずなんですけどね……。私の作品は、全体的に悪人の人気がないんですよ。なかなか説得力が出ないみたいで。陽明が悪人として魅力的だったというなら、個人的には嬉しいんですけどね。

**石井**　難しいところですね。悪役の魅力がないと凄みが生まれないで、良い話になってしまいがちなので。『レイジングループ』の場合は主人公がとんでもないのと、休水の置かれた状況がひどすぎるので凄みが生まれていると思います。

**amphibian**　敵役としては、橋本雄大というキャラクターがうまくいったみたいです。

**内山**　カメラマンの人ですか。最初のルートでは最初に死んでしまったので……。

**石井**　内山さんはまだプレイの途中でしたね。橋本はあとのルートでは活躍しますけど、なかなか強烈なキャラクターだと思います。

**内山**　それは楽しみですね。

**amphibian**　最終的には、悪人よりも善意のある無能なヤツのほうがすごく悪だよと。社会人をやっているとそんなことを思ったりします。

**石井**　悪というよりは、迷惑というか、被害を与えるという感じかもしれないですね。

**amphibian**　それもあって、現代に近い話だと、魅力的な悪人は書きづらいかもしれません。

**石井**　よく悪のカリスマとか言われますけど、そこで大事になってくるのは神秘性だと思うんです。

例えば日本の忍者って、海外ではある意味モンスター扱いだと思うんですよ。人型なんだけど、理解できないすごいヤツだから魅力的に見える。それが人間っぽい感情を見せたりすると、急に神秘性を失ってつまらなく見えてしまう。

カリスマが神秘性を失うと、これまで持ち上げていた人たちが手のひらを返したように叩き始めるんですよ。自分たちよりも下まで貶めないと気がすまなくなる。

**amphibian**　ある意味、理解できないからこそ、悪としての敬意を抱けるのかもしれないですね。悪人は悪人なりの哲学がいるのかな、と思っていたんですけど、ある意味悪人哲学は理解ができないからこそ、成立

するのかもしれません。

**石井**　受け手から、「この程度なんだな」と思われてしまうと失敗なんだと思います。

**amphibian**　作者がなめられたら終わりだと思っています。悪役もそうですけど、ストーリーテラーとしての作者が透けて見えて特定されると、不利だと思うんですよね。ゲームに限らず。

## 魅力的な謎と、解かれてなお面白い物語との両立

**石井**　それではさらに『レイジングループ』本編の内容に踏み込んでいきたいと思います。まだ本編をクリアーしていない人は先にゲームを最後まで遊ぶことをオススメします。

本作は人狼ゲームを題材にしているので、登場人物がどんどん死んでいきます。それにも関わらず、最後はハッピーエンドになるという、かなりアクロバティックなことをやっています。これは先ほど言われた「ゲームのシナリオはハッピーエンドである必要がある」というところが理由なのでしょうか。

**amphibian**　お話によっては、必ずしも全員生還のハッピーエンドでなくても良いと思うんですよ。例えば仲間が全員死んでも、敵を倒せればハッピーエンドになる作品もあると思うんです。

私は、「トゥルーエンド」がある作品において、ハッピーエンドとトゥルーエンドはもともと別物かと思うんですね。

ハッピーエンドは、特定のヒロインと結ばれて、まぁまぁ幸せな逃げ道に入ったというエンド。そ

の一方でトゥルーエンドは、相当犠牲を払った上で、最後の結末に行き着いたというカタルシスを得られたエンドだと思っています。

だからトゥルーエンドで全員生き延びるというのは、本当は甘いかな、というような気がしているんですけど。

**石井**　何か大事なものを得るときに、何かを引き換えにしても良いんじゃないか、ということですか。

**amphibian**　そうです。ただ今回のお話は、全員生還することに物凄く苦労する。その結果何かが得られる、という構造にすることによって、それが両立できると思ったのでそのようにしました。

お話によってはハッピーエンドではないものがあるとは思いますが、それをするためには、このゲームにおいて何がベストなのか、絶対に目指すものは何なのかというのを、導いてあげる必要があるかなと。

**石井**　『レイジングループ』に関しては全員生還もそうなんですが、やっぱり休水を呪縛から解き放つということがトゥルーエンドだというように思いますね。解き放った結果、全員生還できたという印象です。

**amphibian**　そのとおりですね。本当はそれを一番提示したかったところです。

京極夏彦先生の『姑獲鳥の夏』を始めとした『京極堂』シリーズの、事件解決の手法に近いものになっています。妖怪が跋扈跳梁しているかのような怪事件が起きているんだけれども、それを解きほぐすことで怪奇ではなくなるとか。

**石井**　いきなり核心に触れる感じですが、そういう結末への落とし込みが、個人的には一番優れているところかなと思います。

アドベンチャーゲームで凄いシナリオを作ろうと、今までいろんな人がいろんな作品を作ってきました。でもミステリと同じように、ネタが明かされて面白い作品というのは少ないと思います。

これが手品だったら、とにかく魅力的で凄い謎を見せればいいのであって、ネタは明かさないのが基本です。でもミステリだと、読み終わった後に面白く、納得がいかないといけない。二重に厳しい制約がある。

このゲームがミステリかどうかという議論は置いておくとして、いろいろな小説を読んできた自分としては、そこを落とし込めているところが凄いなと思うんですよね。

ただネットなどで評判を見てみると、単純に「最初は盛り上がって面白かった、最後はイマイチだった」という人がわりといますね。人によって全然違うんだなと。

**amphibian**　多分ですけど、3対1か4対1くらいの割合で、「最後が微妙」と言われていますね。

**石井**　まあそんな感じですよね。それも分からないわけじゃないですけど、僕から見ると『レイジングループ』の凄いところは最後、という印象です。

**amphibian**　その反応はうれしいです。私もこの作品で一番気に入っているのは、ちゃんと最後に全部帰結して、解決しているところだと思っていたんですけど……市場に出した時の反応としては、むしろ「人狼ゲームの描写が良かった」という人のほうが多くて。そこから先はトンデモ展開に陥って、最終的に大風呂敷を無理やり畳んだね、といっている人が多数派だったりします。

**内山**　それを言ったら、『京極堂』シリーズもみんなそうですからね。そういう人にとっては。

**石井**　僕は小説を書くわけじゃないですけど、こういう作品の最後をまとめるのが、どれだけ難しいか知っているつもりです。この難しさを感じているかどうかで、評価が変わるかもしれませんね。

**amphibian**　確かに最後をまとめるのは難しいですね。

**石井**　『レイジングループ』に関しては、リアリティとフィクションの狭間のバランス、綱渡りが良くできていると思いました。

　プレイヤーの側に、宗教とはどういうものか、人間はどうやって認知しているのか、量子論とか観測問題とか、そういう知識があると納得できる部分があると思うんですよ。

**amphibian**　多分そうだと思います。人間が普段生活しているときに、いろいろなものを見ているようで、実は見ていない。人間の思考や感情が、いかにあやふやなものか、みたいなことに思いを馳せていれば、どこか引っかかるところがあるかなと。

　しかし人間の認識が完全にソリッドなものだ、と捉えている人にとっては、「なんで前提を覆しているんだ」と思われるかもしれないです。

## 『レイジングループ』とミステリ

**amphibian**　実は私、ミステリを書くのはとても苦手なんです。毎回ミ

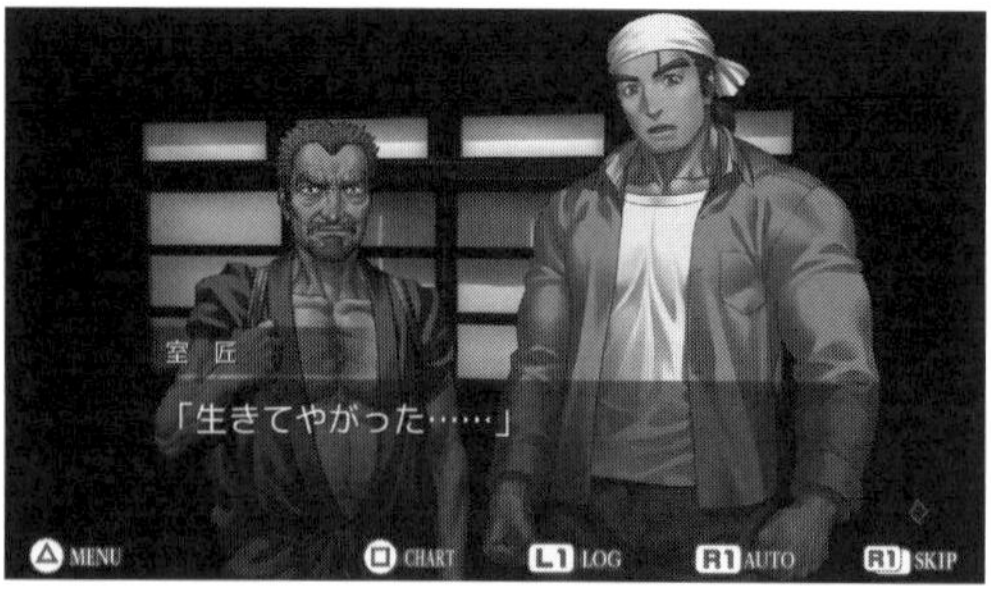

室匠
「生きてやがった……」
MENU　CHART　LOG　AUTO　SKIP

ステリ的なネタを突っ込もうと思うんですけど、あまりうまくいっていないように思います。

**石井**　なぜそのように思うんでしょうか？

**amphibian**　ミステリを突き詰めたの人が書くものって、究極的にロジカルじゃないですか。ドラマ性やキャラクター性はともかく、本質はあくまで研ぎ澄まされたロジック。

犯人を当てるにはロジカルに可能性を全部潰していくわけですが、その潰す作業が超複雑か、超難しいか、超意表を突くか。そういったところに脳を使っている……という印象なんです。私はそれをやるのが、非常に苦手なんですよね。

**石井**　その人たちは、さすがにミステリに特化しすぎているんじゃないですか（笑）。僕は『レイジングループ』をプレイすると、逆にこれはミステリの素養がある人だな、と思いますけどね。

**amphibian**　本当ですか。

**石井**　それはあまりにも、ミステリの極北の人たちを見てきたからなんじゃないかと思います。

僕が一般のシナリオを書ける人たちを見ていると、その中でミステリを書ける人って実は少ないな、と思うんですよ。ミステリを多く読んでいると、ミステリの最低限の基本とか、押えておくべき勘どころが感覚的に分かるじゃないですか。でもそれができている人が意外に少ない。

**amphibian**　結局ミステリって理詰めの話で、理屈を成立させるには前提が必要だとか、そういう基本知識ですよね。学問的というか。

**石井**　ミステリとして基本的なことを押さえれば良いだけなんですけど、シナリオを書きたいと思っていて、なおかつミステリの基本ができている、両立している人はあまりいないように思います。

**amphibian**　文芸サークルにいたので、最低限の知識は身についていたかもしれないです。しかしそれでもやっぱりミステリで苦手なのは、情報を読者に、事前に上手く開示するというところですね。

読者に開示しなければいけない情報を後から出すというのは、推理小説としては卑怯だと思われるじゃないですか。しかしそれを実際に開示してしまうと、バレバレの謎しか作れない。だからご都合主義で気づかないとか、そうやって作ってしまうのが非常に心残りになっています。

例えば『レイジングループ』の中でダイイングメッセージを読み解くシーンがあるんですけど、そこで推理の理由になるのが解剖学的な知見なんですよ。

この知識はもともとプレイヤーが知っていることではないので、それを説明してしまうと、もうすぐにバレてしまう。そのへんの勘どころが、まだつかめていないないですね。

**石井**　確かにミステリとしては、あの場所はもっとうまく表現できるかもしれませんね。しかしそれだけではないと思うんですよ。

僕が幼い頃にはライトノベルがなかったので、アシモフやクラーク、小松左京や平井和正のようなSFをたくさん読んできました。またミステリも江戸川乱歩から始まって、クイーンにはかなりハマりましたね。でもそれらの小説って、ジャンルに関係なく面白いんですよ。まず面白いことが一番で、何で面白いのか、という理屈が後からついてくる。

僕は面白い作品、エンターテイメントが好きなんですよ。仕事にゲームを選んでいるというのもそれが理由のひとつ。ゲームは人に楽しんでもらってナンボ、そこに無駄な理屈は存在しない。これまでに売れているゲームを作った人に話をお聞きする機会がたくさんあったんですが、売れている人ほど深く考えている。

でも理屈が最初に立ってしまうと、どんどんマニアックになっていく傾向があって……。ミステリにおけるロジックは読み手を納得させたり、驚かせたりするのに必要だと思うんですけど、ルールに縛られてつまらなくなるのでは本末転倒だと思うんですよ。

## 『レイジングループ』とＳＦ

**石井**　ミステリだけでなく、ＳＦも昔よりもマニアックになりすぎたという印象がありますね。どこでエンタメとすり合わせていくのかという問題は常に出てきます。

**amphibian**　それはすごく分かります。ロジックや科学知識を突き詰めると、それを描写するために文章をたくさん使ってしまう。その結果ユーザーフレンドリーというか、遊んで楽しい部分がどんどんなくなってしまう。ユーザーさんも狭くなっていってしまう、というのはおっしゃるとおりですね。

私は学生時代、どちらかというとミステリよりはＳＦを書いていました。ＳＦといってもあまり科学知識を突き詰めるわけではなくて、ＳＦ的なガジェットを使ってファンタジーを書くとか、楽しい話を書きたいな、という感じでした。エンターテイメントを考えるほうが得意な脳なんだと思います。

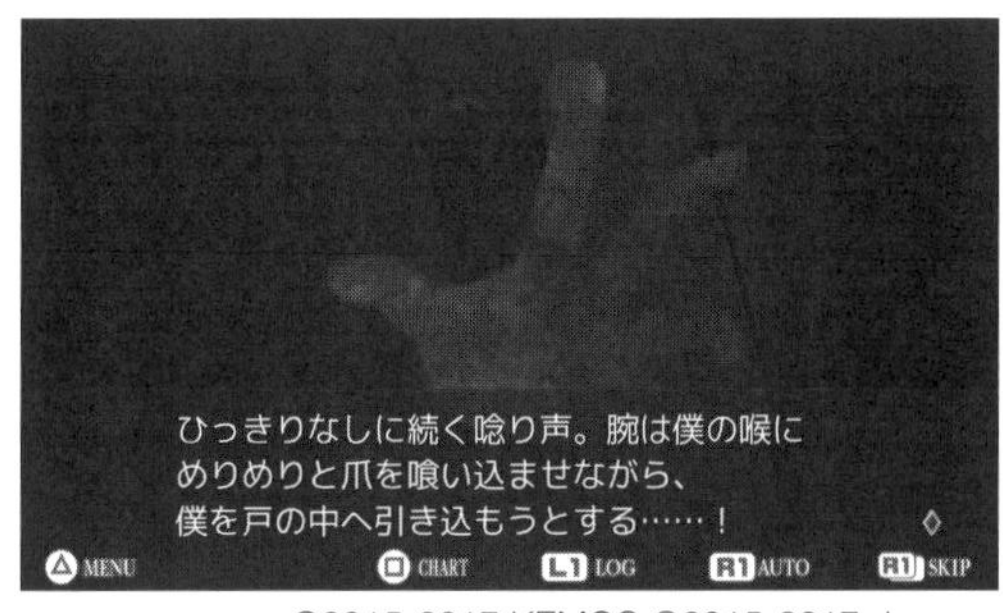

私が好きな作家さんに、山本弘という方がいらっしゃるんですがご存知ですか？

**内山**　SFの方ですか？

**amphibian**　そうです。と学会、いわゆるトンデモ本の学会の初代会長だったことでも有名な方です。グループSNEの初期メンバーで『ラプラスの魔』『パラケルススの魔剣』のノベライズも担当されていました。

量子物理学とか相対性理論といった科学方面に造詣の深いSF作家さんなのですが、それを踏まえたうえで楽しくてわかりやすい、エンターテイメント性が強いものを書かれるんですよ。キャラクターも非常に魅力的です。

エンターテイナーとして尊敬していて、その人の影響を結構受けていると思うんですね。例えば『MM9』（モンスター・マグニチュード9）という作品があって、怪獣がめちゃくちゃ襲ってくる……。

**内山**　『MM9』はドラマを見ましたが、あれは最高でした。

**amphibian**　『MM9』では怪獣が災害として日本にやってくる世界を描いていて、その説明がSF的に無理のない飛躍をしているんですね。

一般的な物理学と、神話的な物理学が混在している世界観です。神話的な怪獣が現れると、その周囲何キロメートルで電気製品が使えなくなるとか、それによって既存の軍事力ではなくて、怪獣同士の戦いで決着をつけるしかないとか、そうやって展開していく。

ロジカルなんですけど科学知識だけを突き詰めるのではなく、やりたいことを書かれてちゃんと面白いので凄いなと。私はそのやり方に、相当ならっている部分があると思います。

**石井**　『レイジングループ』における、神の概念というかロジックに似たところがあるような気がします。

**amphibian**　一般的な神、造物主としての神ではなく、人間が作り出し、人に影響する神というのは何か……そういうものがいるかもしれないけど、いるとは証明できない。

**石井**　そういう環境の中では、神は存在するかどうかは別として、実際に力を発揮するんですよね。ほぼ現実にいるのと同じような形で。

**amphibian**　そういうところに持っていけたらいいな、というように思っていました。

**石井**　僕はこの作品の最後でそういうことを言ったんだと思って、それを理解した瞬間に、これは凄いな、と感じたんですが。

**amphibian**　それは理想的な読者の方が現れました（笑）。そこまで読み取っていただいてうれしいです。本当に上手くできたかどうかといわれるとわからないですが。この当時私に考えられる範囲では、テーマの立案と回収というのはできたと思います。

**石井**　でもこの手を使わないと、あれだけ破綻した世界は収拾がつかないというか、理屈をつけようがない。その手法を使ったからこそ、ルールの絶対性が確保できたというか。絶対にその場から逃げられないことの説明になっている。

　どんなにありえないように見える状況でも、最終的に説明できるというのは大事ですね。『レイジングループ』の場合は既存の科学知識だけでは無理ですが、作中にロジックが示されて、全体がそれに基づいていることは確かです。それは必要なことなのだと、あらためて思いました。

## 作劇の技法と、物語の核となるもの

**amphibian**　結局お話というのは、特定のルールによって作られていると思うんです。作劇技法みたいなものがあって、その作法をなぞることで物語が生まれている。特定の文脈とか物語の流れは、人間の感情を励起させるためのプログラムであると。そのプログラムを適切に配置することで、人間の感情を操作できる。

私がなんでこういう思考に入っていったかというと、大学の文芸サークル時代に友人から受けた影響が相当大きいと思います。

彼は読書量が桁違いで、ライトノベル含め幅広い分野に造詣が深くて、作品の流行や背景に対して分析し、作劇技法を学び、それに基づいて物を書くという概念・方法を教えてくれました。それがなければ多分、あまり考えずに勢いで書くことしかできなかったと思います。

**石井**　エンタメとして物語を作っていくのであれば、やはりそういう発想は絶対に必要ではないかと思います。ゲームを作るときでも似たようなものだと思います。

**amphibian**　ユーザーさんが何を求めているのか、どうすればユーザーさんに楽しんでもらえるかっていうことをちゃんと考えて、意図的に盛り込んでやらないといけないですね。なかなか自分の作家性というか、書きたいものをぶつけるだけだと、うまくいかないと感じます。

とはいえ、結果的になんらかの哲学みたいなものを生み出せないと、話に重みというか、そういうものは出ないと思っています。

**石井**　単に作劇上のロジカルなところに詳しいというだけでなく、何か中心になる柱のようなものが必要だということですか。

**amphibian**　そう思います。だから友情、愛、神というような大げさなテーマに対して、何らかの独自見解を出すというのを重視しています。

自分がこれまで考えてきたことをベースにして出すことで、もう一歩踏み込んできてくれるユーザーがいると感じているところです。

**石井**　人それぞれ、いろいろなものに影響されて考え方のベースができてくるのだと思いますが、amphibianさんの場合は何に影響されたのでしょうか。

**amphibian**　自分が考えてきたことのベースは、エンターテイメント作品もさることながら、学問が影響していると思います。

昔は死ぬことがとても怖かったんですけども、なぜ死ぬことが怖いのか、それをどうやって乗り切ればいいのかというところを、最終的には生物学に頼った、ということがありました。

**石井**　自分の中に根源的な悩みとか考えがあって、学問のほうに行ったんですね。

**amphibian**　それは間違いないです。人間を理解する上で、生物学がすごく重要な学問だと思っていて。恋愛だとか社会学的な悩みにしても、絶対そこにヒントがあると思っているんです。

例えば、なぜ人は人を殺しちゃいけないのかという倫理上の問題があります。それに対して、環境生物学や生態学の概念だと、結局自分に有利な環境を構築するほうが、自分の生存や遺伝情報の保存に最終的に有利だから、そうしているんだという結論になります。

一つの集団においての個体が人を殺して、互いに殺し合ってしまった場合、自分に危険が及ぶ可能性がある環境が構築されてしまいますから。

ただし特定環境においてゲーム理論を適用すれば、ある条件下では、他人を殺して一人勝ちしたほうが有利になったりもします。だから、一般則として利他が有利な戦略、という意味で人殺しは良くないと言える一方、絶対にだめという結論は間違いということになる。

このように生物学では、倫理上の問題に対して、ある意味意表をつくような回答を出せてしまう。なるほど、これは自分の人生を理解する上では重要な概念だなと。

そういった点では、非常に自分の考えに影響を与えていると思います。死に関しても、結局生物は情報を残す、ということに非常にこだわっている。そのために存在している存在でもあるわけです。

**石井**　個々の人間としては、長生きしたいという本能があります。ほとんどの人はそう思いますよね。しかし生物学的に見ると、種としては寿命というサイクルを短くして、子孫を残したほうが有利かもしれないですしね。

**amphibian**　そういった、ふだんあまり人が考えないようなことを深く考えるためには、何かしらの知識というか、考え方の基準が必要です。そして深く考えた経験というのが、物語を書く上で厚みになっていきます。そのために、いろいろな勉強をしなくてはいけないな、と思いますね。

## アドベンチャーゲームの新たなる未来に向けて

**石井**　話がだいぶ脱線してしまったので、元に戻したいと思います。『レイジンググループ』はホビージャパンから完全読本が出ましたが、それ以外にこれから展開されていく予定などはありますか。

**amphibian**　あくまで個人的な希望でしかないですが、海外に向けてローカライズをしたいという気持ちはあります。しかしノベルゲームの場合は、翻訳に相当なコストがかかりますから、なかなか難しいですね。

**石井**　メディアミックスとしては、個人的にはコミック化が向いていると思います。アドベンチャーゲームは客層が固定化されているので、ゲームだけだとそこから発展するのが難しいと思うんですよね。とはいえ、実際にコミック化するとすれば、いろいろな問題があるとは思いますが。『レイジンググループ』は現時点でも評価されていますけれど、まだまだ潜在的なユーザーに声が届いていないコンテンツだと思います。もっと多くの人に楽しんでもらいたいですね。

**amphibian**　メディアミックスのお話は随時お待ちしていますよ！　でも、いろいろやっていく必要があると思うんですけど、私自身はそろそろ次の作品を書かないといけないな、と思っています。

**石井**　またこの先に出てくる作品が評価されれば、ブランドとして確固たる地位が築けるのではないでしょうか。その意味からも、これからの作品を期待しています。

**amphibian**　ありがとうございます。『ダンガンロンパ』や『STEINS;GATE』のような名だたるア

『レイジングループ』PS4版
2018年1月発売
※「PlayStation®4」ロゴは株式会社ソニー・インタラクティブエンタテインメントの登録商標または商標です。

ドベンチャーゲーム作品に挑めるように、これからも頑張りたいと思います。

（インタビュー収録：2018年3月）

## インタビューPart2：その後のレイジンググループの動き

**本書の発売少し前である、2020年2月に、その後のレイジンググループ関連の動向をきくためにメールでのインタビューを行った。**

**石井**　VE2号の発売は2018年7月（Switch版発売から11か月後）ですが、その後、国内でのレイジンググループの認知度は上がったのでしょうか？

**amphibian**　レイジンググループは発売後いろいろなイベントを経験したタイトルで、個々のイベントがどれくらい認知度向上につながったかは判断が難しい部分もありますが、現在に至るまでソフト本体は長く売れ続けており、コンスタントに話題にのぼり続けていることも考えると、明らかに認知度は向上しつづけていると考えます。VE 2号にて石井ぜんじ様に取り上げていただけたことは、その大きな一助であったと考えています。

**石井**　英語版が発売されたことによる、海外での反響はどうでしょうか？

**amphibian**　これも個人の観測範囲での話になりますが、普通の海外プレイヤーの方がちらほらと楽しんでくださっているようです。日本で起きたような大きな動きはまだ見えませんが、起きるとすればまだまだ時間がかかるのかなと思います。しばしば「hidden gem（隠された宝石、無名の名作）」と表現されているのを見ますので、伸びしろはあるのかなと。

PS4
死なない男。
稀代のホラーサスペンスゲーム、
圧倒的支持を受け、ついにパッケージ版で登場。
2018年1月25日(木)発売
メーカー希望小売価格 3,333円(税込3,600円)

**石井**　星海社での書籍展開の苦労と、その反響について教えてください。

**amphibian**　ゲーム版ユーザの方々が再読して価値を得られるものを志向し、手を抜かずに執筆したため、ほぼまる1年の執筆期間が費やされたことはとても大変でした。こちらも、反響が出てくるのはこれからかと思っています。個人的には紙の本が満足する出来に仕上がったことに満足しており、自信につながったと思っています。

**石井**　最近は『ＦＧＯミステリー小説アンソロジー　カルデアの事件簿ｆｉｌｅ.０２』や、『こっくりマジョ裁判』のコミック原作など、ゲーム以外の執筆にも取り組んでいらっしゃいます。これらの仕事を通じて感じたこと、得られたことなどがありましたら教えてください。

**amphibian**　他の方のキャラや創作能力をお借りすることはこれまでほぼやったことがなく、かなりの試行錯誤を要しました。またノベルゲームのシナリオには放漫にテキスト量を費やせるため、別媒体では悪いクセとして働くことが多く、自分の弱点を再確認しました。まだ具体的なノウハウの転用法などは着想していませんが、様々なフォーマットでのやり口を学ぶことは確実に有意義だったと感じています。

**石井**　『レイジングループ』以降、家庭用ソフトとして『最悪なる災厄人間に捧ぐ』『千里の棋譜』が発売され、好評のうちに迎えられています。ＡＤＶゲームのブランドとしてケムコさんの地位が確立されつつあると思いますが、どのようにお考えでしょうか。

**amphibian**　まず、それぞれの作品に好評をいただいているのは、第一に個々の制作者様の実力であって、素晴らしい実力をもつ制作者様が2回連続で手を貸して下さったことに深く感謝しております。

また弊社側でもチームメンバー個々人の技能やエンジンの品質が向上し、プラスになっている面も大きいと思っております。結果的に「ケムコのＡＤＶは良い」というご評価をいただき、そのご評価によって更に多くの制作者様に興味を持っていただける、みたいなことがあればそれは素敵なことだと思います。

**石井**　最近のケムコさんのＡＤＶは、演出周りが徐々に強化されてきていると感じるのですが、それについてはどのようにお考えですか？

**amphibian**　それは制作者様それぞれの手腕と担当ディレクターのこだわりによるものですね。amphibianはそこまで気が回らないので、みなさんすごいなあ、と打ちのめされるばかりです。

**石井**　6月25日にはリメイク版『デスマッチラブコメ！』が発売されますが、この作品についての紹介をお願いします。

**amphibian**　レイジンググループの1つ前に執筆した作品のリメイクです。「告白されると爆死する」というワンフレーズから生まれた企画で、そういう呪いをかけられた少年が友人たちの間でドタバタしながら死線を彷徨いつつ青春の苦悩と葛藤する物語です。レイジンググループとは毛色が違うので、そこは重々ご承知いただいたうえで、レイジンググループとの世界観のつながり・深層に通底する作家性などを楽しんでいただけると嬉しいです。

**石井**　待望の完全新作ＡＤＶについて、意気込みや公開できる範囲での情報を教えてください。

**amphibian**　残念ながら制作があまり進んでいないので、これまでに出ている情報を超えるものは出せそうにありません。まとめておくと、「瀬戸内海沿岸の架空の町を主要な舞台とすること」「主人公は女子2名＋αであること」「人魚というキーワードが関わること」です。さらに各所で「人狼ではない」「伝奇方面に舵をきる」ことは伝えています。非常に構想が大きな作品であり、今後どのような形で落着するか含め未知のタイトルでもあります。RD（仮）の旅路がどうなるか、見守っていただければ幸いです。

**石井**　創作の理念や考え方、その他について、日々考えていることや気をつけていることなどはありますか？

**amphibian**　様々なお仕事に関わるなか、さまざまな超人的才能のきらめきを目の当たりにし、自分など木っ端に過ぎないことを再認識しているのですが、それでも心に留めたいのは「特盛のサービス精神」を保つことです。美しいもの、気の利いたものは苦手なので、とにかく大量のコンテンツを奇抜な盛り付けで提供していきたい。作劇の基本技術と信念を正しく持てば、一見崩壊しそうな盛り付けでも料理として成立させられる、というのがこれまでの創作歴からの学びであり、ファンの方からご期待いただいているところでもありましょうから、忘れないようにしたいです。

一方、歳を食ってくると人生観とか哲学的なものも煮詰まってくるので、これを燃料に突き抜けたものを焼いてみようという野心もあります。やりすぎると説教臭くなりそうですが、若さに任せた無謀な面白さみたいなのにも限度があります。どう塩梅をしていくか、悩ましいですが、がんばって考えていきます。

# 宮下英尚

HIDEHISA MIYASHITA

“

投資は分析して結果が出るというところが面白いですが、目に見える形で人の役に立っているわけではないんですよね。ゲームの場合は、自分が作った作品が他人の喜びになって、感動してもらえるということがやりがいになります。それが自分の原点ですから。

”

ケムコから新作アドベンチャーが発売されるということで、筆者は宮下英尚氏の制作した『千里の棋譜～現代将棋ミステリー～』について、発売前から注目していた。子供の頃からの将棋好きなので、その題材をどう扱っていくのかについても興味があった。

またこれは後から知ったことなのだが、シナリオを執筆した宮下英尚氏は、筆者と面識がある岡本吉起氏が作ったゲームメーカー、ゲームリパブリックに所属していたことがある。

つまり『千里の棋譜』を制作した宮下氏と筆者の間には、アドベンチャーゲーム、将棋、岡本氏という、3つの接点がある。これだけ揃っていれば、もはや注目しないほうがおかしいであろう。

『千里の棋譜』を実際に遊んでみると、この作品は期待を裏切らない面白さを持っており、なかなかの傑作であった。本作の魅力のひとつに、将棋界を題材にした、リアルな描写がある。本作は人が死なないタイプのミステリーなのだが、将棋界の裏に潜む謎をテーマにしながら、サスペンス豊かに魅力的な物語を構築していた。

また本作は事件と並行して、プロをめざす三段リーグの棋士たちの戦いが描かれており、それが大きなテーマになっている。主人公のひとりである長野三段の対局描写には、思わず引き込まれるものがある。その熱い戦いぶりは、将棋ファンはもちろん、将棋を知らない人でも心を昂らせることだろう。

本作を制作した宮下氏は、ゲーム業界人としては異色の経歴を持つ人物である。自作ゲームからスタートし、ゲームメーカーで開発に携わった経験を積んで、フリーランスの活動から独立し今に至っている。ゲーム開発だけでなく投資業にも力を入れており、その型にはまらない活動はとても興味深い。

ゲームはエンタメであり、商品でもあるが、創作物としての一面も持つ。中でも物語を紡ぐシナリオライターは、わかりやすくクリエイティブな要素を求められるポジションでもある。商品として売れたという結果と、創作物として人を感動させ、満足させたという結果。シナリオライターとしては、その両方の結果を得られるのが理想だ。やりがいはあるが、そのぶん難しい職業であるといえる。

人生は選択の連続だ。宮下氏のたどってきた道のりを知り、そのお話を伺うと、氏がクリエイターとして自ら選び取ってきた生き方というものを感じることができる。

物語を紡ぎ出す者と、その想いの結晶である珠玉の作品。これらに少しでも興味を持ってもらえたなら、このインタビューを企画した意味があると筆者は思う。

**石井**　『VE』2号のアドベンチャーゲーム特集では、ケムコさんの『レイジンググループ』のシナリオを執筆されたamphibianさんにインタビューをさせていただきました。その縁もあり、ケムコさんから発売される『千里の棋譜～現代将棋ミステリー～』についても注目していました。実際に『千里の棋譜』を遊んでみると、将棋棋士へのリスペクトが詰まった、とても面白く熱いお話だと感じました。そこでぜひお話を伺いたいと思い、取材のお願いをした次第です。

**宮下**　ありがとうございます。

**石井**　また宮下さんのゲーム業界の経歴も興味深いので、そのあたりもお伺いできればと思います。

**内山（本誌編集者・スタンダーズ編集部）**　それでは本日はよろしくお願いします。

## 『RPGツクール』で作ったゲームで人生の進路が決まる

**石井**　宮下さんが、ゲーム作りに関わるようになったきっかけを教えてください。

**宮下**　私が大学院の1年生で研究室にいたとき、そこにあったWindows95のパソコンを使って、『RPGツクール』でゲームを作り始めたのが始まりですね。そのときはまだ将来どんな道に進むのか、全然決まっていませんでした。

そのときに作ったのが『Lost Memory』（1997年）というファンタジーRPGです。まだインターネットをアナログ回線でつなぐような時代でしたが、それをアップロードして、前半部分は無料、面白かったら後半は1000円で買ってくださいという形で販売を始めて、それが当時としてはかなりヒットしました。

最初に自分の作品を買ってもらえたときには、クリエイターとしての喜びを強く感じましたね。インターネットの先の自分が知らない人が、自分の作品を面白いと思ってお金を出してくれたことにやりがいを感じて、その方向で少しやってみようかなと。

**石井**　それ以前は、ゲームや自分の進路に関して、どのように思っていましたか。

**宮下**　それまではゲームは自分が遊ぶもので、あくまで趣味に過ぎないと思っていました。大学4年のときは、ゲームとは全然関係ないところに就職しようとしていたんですが、結局踏ん切りがつかないで大学院に進みました。理系の学生によくありがちな、いわゆるモラトリアムです。

**石井**　将来に悩んでいたときに、たまたま趣味でゲームを作る機会があって、やってみたら面白かったということですか？

**宮下**　そういうことです。でもそれをお金にしたい、ビジネスにしたいという思いもありました。だから無料で配布するのではなく、自分が作ったものが、どれくらいの価値があるのか世に問いたい、という気持ちで作っていました。みんながあまり買ってくれなければ、ゲームの仕事をやらずに普通に就職していたと思います。

**石井**　それにしても、思い切って進路を決めましたね。

**宮下**　今思えば勢いでというか、若い判断だったな、というところはあります。正直を言うと、当時はいろいろな人から止められたんですよ。「ゲームなんかしていないで就職をしなさい」と、周りの友人も助言してくれました。

**石井**　僕も人のことは言えないですけどね。若い頃からゲームに関わる仕事をしていたので「それは40～50歳までやれる職業なのか」とよく怒られました。今はもうその歳になってしまっていますけど（笑）。周りから言われても止めなかった人が、今の業界に残っているような気がします。

## 勧善懲悪ではないストーリーを目指した『Lost Memory』

**石井**　『Lost Memory』を作られる前に、影響を受けた作品はありますか？

**宮下**　ゲームを職業にするかどうか、というタイミングで影響を受けたのが、菅野ひろゆきさんの『EVE burst error』（１９９５年・シーズウェア）や『この世の果てで愛を唄う少女 YU‐NO』（１９９６年・エルフ）ですね。子供の頃であれば『オホーツクに消ゆ』（アスキー）、『ドラゴンクエスト』シリーズ（エニックス）、『ミネルバトンサーガ ラゴンの復活』（タイトー）といったRPGやアドベンチャーゲームが好きで、たくさんやりました。ただそれを職業にするかどうかは、好き嫌いとはまた別の問題ではありました。

**石井**　ゲームの作り上げるストーリーや世界観というものに、惹きつけられるところがあったのでしょうか。

**宮下**　それはありましたね。ゲームで遊んで「面白い」と感じるだけではなく、「自分だったらこうやって作りたい」ということも考えていました。

最初に作った『Lost Memory』は、そんな想いを結集させたようなゲームです。今はそうでもないですけど、昔のゲームは『ドラゴンクエスト』に代表されるように、勇者が大魔王を倒すというような勧善懲悪のストーリーばかりでした。そこでちょっと違うものを作りたいと思ったんです。

**石井**　その内容は気になりますね。残念ながら、僕はまだ『Lost Memory』を遊んでいないんですよ。

**宮下**　もうだいぶ古くなってしまいましたからね。もしリメイクする機会があればやってみたいと思っています。

**内山**　『Lost Memory』の「前半は無料で後半はお金を払う」というシステムは、当時としては珍しかったのではないですか？

**Lost Memory**
RPGツクール95で作られたRPGゲーム。現在もChild-Dreamのサイトよりダウンロードができる。
@Child-Dream since1997

**宮下**　フリーゲーム、いわゆるシェアウエアで、気に入った人だけお金を払ってください、というものはわりとありました。私の場合はもっと厳格に、面白かったらお金を払って後編をやってくださいという形にしたんです。これは当時としては画期的だったかもしれません。

お金を振り込んでくれる方が多かったのは、ずいぶん励みになりました。わざわざ銀行に行って、手数料もかかるのに1000円を振り込んで、メールをくれるわけですから。それによって、ユーザーの方と交流ができたことも嬉しかったです。それが進路に大きく影響しましたね。

**石井**　その後はどのような活動をされたんでしょうか。

**宮下**　ＰＣゲームや、ＥＺｗｅｂとｉモード向けのゲームコンテンツを作っていました。しかしいつかはコンシューマー機で作りたい、という気持ちも持っていました。

## ゲームリパブリックを例えて言えば〝混成傭兵部隊〟

**石井**　宮下さんはその後、ゲームリパブリックに入社されたと伺いました。僕はゲームリパブリックを作られた岡本吉起さんとは30年来の知り合いで、『ＶＥ』1号ではインタビュー取材をさせてもらっています。宮下さんは、どのようなきっかけでゲームリパブリックに入社されたのでしょうか？

**宮下**　新規プロジェクトでシナリオを担当できるならやってみたい、ということでゲームリパブリックに応募して、採用していただきました。

**石井**　実際にゲームメーカーでの開発に関わってみて、どのように感じましたか？

**宮下**　客観的に見れば、なかなか大変な状況でした。ただ社内では岡本さんと一緒にコンシューマーをやりたいという方が多くて、仕事をやらされているという感じではなかったですね。個人ごとに見れば徹夜する人もいて、凄く頑張っていたと思うんですが、会社の統制機構のようなものはあまり機能していなかった気がします。

**石井**　良くも悪くも、ゲームの作り方が古かったのかもしれませんね。80～90年代はどこもそんな感じでしたが、時代はいろいろな意味で変わりつつあった気がします。

**宮下**　そうだと思います。岡本さんは逆にその状況を見て、「みんな日曜日は必ず休もうよ」ということを言っていました。

個人的には、ゲームリパブリックでは楽しく仕事ができたと思います。しかし新しい会社なので、いろいろなところから人が来ていて、混成傭兵部隊みたいなところがありました。そのためにそれぞれのやりたい方向が違っていたり、主導権争いのようなことがあったりしました。ゲーム制作にはありがちなことなんですけど。

**石井**　単なる派閥争いと、目指す方向性の対立というのは違うと思うのですが、実際には線引きが難しいですね。情熱のベクトルが違う方向を向いて、打ち消し合うことがないようにしないといけないので大変です。

宮下さんは、開発の途中で他の人とぶつかったことはありますか？

**宮下**　それはありましたよ。例えばデザイナーさんに「このシナリオはつまらない」と言われて、カチンときたりすることもありました。当時は自分も若かったので、大人げなく口を利かなくなってしまったこともありました。今思えば、ちょっと足を引っ張っちゃったかなと反省しています。

**石井** でもゲームを作っていれば、絶対にどこかでぶつかりますからね。逆にぶつからないようでは、良い作品は作れないでしょうし。僕がゲーム雑誌の編集をしていたときも、言い争いは日常茶飯事でしたよ。でもそのおかげで、中身を練り込むことができました。

**宮下** やはり仲間と仕事をしていれば、ぶつかることは絶対にあります。私の場合は逆に、デザイナーさんが素晴らしい絵を描いてくれて、それに見合ったシナリオを作らないといけないな、と思わされることもありました。

## 共同でゲームを作る喜びと難しさ

**石井** それでは宮下さんが関わった作品について、具体的なことを教えてください。

**宮下** ゲームリパブリックで開発に携わったのは、アクションアドベンチャーの『FolksSoul - 失われた伝承 -』(2007年)です。

**石井** 『FolksSoul』の開発には、どのくらいかかっているんですか?

**宮下** 私が携わったのは2年ぐらいです。私が入る前の企画段階を含めると、3年近くはかかったんじゃないでしょうか。今振り返ってみると、『FolksSoul』のプロジェクトはとても大変だったなと思います。発売延期で企画内容が変わりましたし、いろいろ紆余曲折がありました。

**石井** シナリオの場合、個人でやっていれば作家性は出しやすいと思います。しかしゲーム会社で大がかりなプロジェクトでやる場合、別の苦労があったのではないですか？

**宮下**　それまでは自分が好きなものを、自分の思った通りに作るやり方でやってきました。しかし大きいプロジェクトではビジュアルの見せ方が大事なので、デザイナーさんがどう見せたいかというところと、すり合わせていく必要が出てきます。

『FolksSoul』のシナリオは、アイルランドの寒村を舞台に、死者に会えるという伝説をモチーフにしたものです。さまざまな異世界、例えば妖精の世界や地獄の世界などを、死者を求めて旅をしていきます。さまざまな異世界があるというのは、そのほうがビジュアル的に見せやすい、というデザイナーさんの希望があったからです。

**石井**　ベースになる大きな世界設定は宮下さんのほうで独自に作り、異世界の数を増やしたのは、デザイナーさんとの相談から出てきたということでしょうか。

**宮下**　そうです。ネーミングもデザイナーさんと相談しながらやりました。結果的にはビジュアル的に見せられるものができたので、すごくうまくいったなと思います。自分だけだと思い浮かばないような発想を、デザイナーさんたちはいっぱい持っているので。

**石井**　そのあたりのアイデアを、またストーリーに落とし込んでいったりするわけですよね。

**宮下**　他人のアイデアを落とし込む苦労はありますが、うまくやれば絵とシナリオが一体化した、すごく良いシーンを作ることができます。

**内山**　逆にシナリオ担当として、納得できなかったところはありましたか？

**宮下**　ゲームのジャンルがアクションアドベンチャーなので、予定していたストーリーが全部実現できたわけではありません。シナリオ担当から見れば、カットして弱くなってしまったな、と思う部分は多々あります。また最後のほうは、疲れて体調を崩していたこともあって……完成した作品のシナリオに満足しているわけではないんです。

**内山** その世に出なかった部分も、何らかの機会に出せるといいですね。

**宮下** そうですね。どこかでもう一度、例えばアドベンチャーゲームなどで『FolksSoul』のストーリーを出せたらいいな、という気持ちはあります。ただ実現するには各所と調整が必要なので、なかなか難しそうです。

## 作品でつながる人と人との輪

**宮下** 自分の作ったタイトルをいまだに熱心に遊んでくれたり、Ｔｗｉｔｔｅｒでつぶやいてくれたりする方がいるのは嬉しいですね。『FolksSoul』はローンチで何十万本も売れたようなタイトルではないですが、たくさんの人に評価されているなと感じました。

**石井** エンタメとして、大ヒットゲームになって「どれだけ広く伝わるか」というのは大事なことですけど、「どれだけその人の心に残るものになったか」というところも、僕は大事なことだと思います。

**宮下** 自由が丘に『アランデル』というファンタジーグッズのショップがあるんですよ。このお店は『FolksSoul』の世界にインスパイアされているそうです。2年くらい前に新宿でイベントを開くときに『FolksSoul』特集をやってくださいました。私の作った設定資料を展示していただいたこともあって、ありがたいことだなと思います。

**石井**　その他に、作品のおかげでつながったご縁のようなものはありますか?

**宮下**　私が手掛けた『千里の棋譜』の原画を書いてくれた方とは、『FolksSoul』でつながっています。原画を担当していただいた方は2人いるんですけど、そのうちの1人は『FolksSoul』がすごく良かったといって連絡をくれた方です。

もう1人は私がスカウトする形で連絡を入れたんですが、先方から「宮下さんですよね?」と言われて驚きました。なぜ私の名前を知っているのかと思って話を聞くと、ゲームリパブリックで『FolksSoul』のモデリングを担当していたということでした。当時はキャラ絵ではなくてモデリングの担当だったので、まさか関係者だったとは気がつきませんでした。

**石井**　業界は狭いというか、そんな偶然もあるんですね。心に残る作品を作っていれば、人とのつながりができていくんだなと、あらためて思います。

## 投資とゲーム制作の二足のわらじを履く

**石井**　宮下さんは、『FolksSoul』が終わったタイミングでゲームリパブリックを退社されて、フリーになったわけですね。

**宮下**　そうですね。他の会社に行って家庭用ゲームの開発をするというお話をいただいたこともあったのですが、業界としてはなかなか大変な時期でしたので。

**石井**　ちょうどリーマンショックがあったころでしたからね。

**宮下**　そこでいったんフリーランスに戻って、脱出ゲームのシナリオなどを受託でやっていました。子供が生まれたという家庭の事情もあって、数年の間はどっぷりゲーム開発に関わる、という感じではありませんでした。投資を本格的に始めたのはその頃です。

**石井**　なぜゲーム開発とは全く違う、投資の方面をやろうと思ったのですか？

**宮下**　それは単に興味があるから、と言うしかないですね。趣味としてはずっとやっていたので、最初に始めたときから数えると、もう17〜8年くらいになります。

リーマンショックがゲーム業界を直撃し、そこで会社を辞めて、その後の景気回復期に本格的に投資をやったわけです。だからこれは偶然ではなく、必然だったかもしれません。このタイミングなら株が割安だ、ということを見ていたわけですから。

**石井**　ゲームのお仕事と、投資とのバランスはどのような感じでしたか？

**宮下**　退社後1年くらいは、ゲームと投資の二足のわらじでやっていました。この時期は、フリーランスとしてのゲームの仕事を評価していただいて、わりと収入もありました。しかしそれでも、片手間にやっていた投資のほうが、だいぶ収入が多かったですね……。

**石井**　投資は個人でやっておられるんですよね。一人で安定した利益を出していけるものなのでしょうか。

**宮下**　一人でやっています。もちろん失敗もありますけど、大失敗は今のところないです。だいぶ前から少しずつやっていたので、その経験がものをいったのではないかと。

**石井** 投資によって生活に必要な収入が安定して得られる状況になった時に、ゲームを作りたいという情熱と、どのように向き合っていったのでしょうか。

**宮下** そこで一時的に、ゲーム作りのモチベーションが落ちたというのは否めませんね。

**石井** その時点でゲーム作りを完全にやめて、投資に全振りしてしまってもおかしくなかったと思います。そうしたからと言って、誰からも責められることでもないと思いますし。そうしなかったのはなぜでしょうか。

**宮下** 投資に関していえば、分析して結果が出るというところはとても好きだし、面白いと思います。しかしそれが目に見える形で、人の役に立っているわけではないんですよね。

ゲームの場合は、自分が作った作品が他人の喜びになって、感動してもらえるということがやりがいになります。それが自分の原点ですから。

**内山** 家族の方に「もう投資だけでいいじゃない」とは言われなかったのですか？

**宮下** 家族はそんなに気にしていないと思います。奥さんは育児が忙しいので、収入さえあれば大丈夫、という感じですね（笑）。ゲームリパブリックを辞めるときは「この先大丈夫なのかな」と言っていましたが、私のほうは全然気にしていませんでした。もともとフリーランスだったので、元の鞘に戻ったという感じです。

**石井** 興味がそこに行くとどんどん進んでいくという、宮下さんの行動力が凄いなと単純に思います。普通の人だったら自分の生活を守りたいので、なかなかそこまで割り切って踏み込めないような気がします。

**宮下**　私がそうだというよりも、ゲーム業界自体がそういうものなんだと思います。ゲーム業界はスキルのある人だったら、フリーになってもいいし、すぐ就職しようと思えばできます。そこは公務員とは違いますからね。

## 将棋棋士へのリスペクトから生まれた『千里の棋譜』

**石井**　ここからは、話題作である『千里の棋譜』についてお話を伺いたいと思います。『千里の棋譜』は将棋を題材にしていますが、宮下さん自身の将棋への思い入れは、どのようなところから来ているのでしょうか？

**宮下**　将棋は子供のころからやっていました。すごく強かったわけではないんですけど、やっぱり子供の頃にハマったものというのは、思い入れが強くなります。石井さんも将棋を指されるんですよね。

**石井**　将棋は好きですが、今はもっぱら見るばかりで指さないですね（笑）。僕の場合は中学の部活で、他にやることがなかったので将棋部に入っていました。当時はネットもなかったので、新聞の将棋欄くらいしか見ていなかったです。棋士で言えば、中原先生、米長先生が活躍されていた時代です。

宮下さんの子供の頃には、どんな棋士がいましたか。やっぱり羽生先生でしょうか。

**宮下**　羽生先生より、少し上の世代の方です。谷川浩司名人が、若くして現れたときぐらいですね。子どもの頃は（将棋専門誌の）『将棋世界』を読んでいました。

**石井**　子供の頃に『将棋世界』を読むというのは、相当なハマり具合ですよね（笑）。

**宮下**　あまり子供が読む雑誌ではないですからね（笑）。そこに書いてあった棋士のエピソードが印象的で、それがずっと頭の中に残っていました。

**石井**　将棋の内容だけではなくて、将棋界にまつわる話に興味があったというわけですね。

**宮下**　そうです。それをうまく紡ぎ合わせて、物語をいつか作りたいと思っていました。さすがに子供の頃は意識していなかったですが、ゲームの仕事を始めてから、次のモチーフを探すときに、どこかで将棋ものを作りたいなという考えはありました。

**石井**　実際に将棋というテーマで作品を作ってみて、どのように思われましたか。

**宮下**　将棋界にはいろいろな棋士のエピソードや裏話があるので、作品の材料には困りませんでした。また自分がすごく好きなジャンルなので、モチベーションが上がりましたし、いろいろな棋士の方とつながりができて嬉しかったです。

**石井**　実名で作中に登場するなど、本作は多くの棋士の方に協力していただいていますよね。

**宮下**　基本的には、それぞれの棋士の皆さまとの個人の関係でご協力いただいています。作品は将棋連盟の公認ではないですが、インタビュー記事を連盟のコラムに乗せていただいているので、もちろん先方も知っておられると思います

**石井**　棋士の方に、直接連絡を取っているということですね。

**宮下**　そうですね。最初に連絡したのは高橋道雄九段です。高橋先生は、まさに米長、中原時代に活躍した有名な先生ですね。子どもの頃に高橋先生に往復はがきで質問を出したら、とても丁寧な回答を書いて送ってくださって、すごく感動した記憶があります。

**石井**　高橋先生とは、そういうご縁があったんですね。

**宮下**　協力をお願いしたら高橋先生に快諾していただいたので、そこからこの企画が本格的に立ち上がったという感じです。

その後『千里の棋譜』のアプリ版が出たときに、香川愛生女流三段から連絡をいただきました。香川先生は『ファミ通』でコラムを書いているところからもわかるように、ゲームがとても好きな方です。その流れから、後に家庭用ゲーム機で『千里の棋譜』をやるときには、香川先生にもぜひ協力をお願いしたいという流れになりました。

**石井**　その棋士の方とのつながりは、シナリオにも活きているなと思いました。若干ネタバレになりますけど、『千里の棋譜』の2部では、香川先生が重要な役を演じていますよね。香川先生は実在する女流棋士なので、どうしてもゲスト扱いというか、大した役回りをしないだろうとたかをくくっていたので、かなり意表を突かれました。これは狙ってやっているんでしょうか。

**宮下**　はい、わざとです。まさにしてやったり、という気持ちです（笑）。そういう見せ方をしようということは、ご本人ともお話をして進めていました。

**石井**　自分はどうしてもメタ読みをしてしまうんですよね（笑）。こういうのはだいたい監修で名前だけ付けておくパターンが多いので、キーパーソンにはしないだろうと。

**宮下**　香川さんのほうもノリノリで、好きにやっちゃってくださいという感じでした（笑）。

## 現実とフィクションの狭間で物語は進む

**石井**　僕が『千里の棋譜』で感心したのは、フィクションとリアルのバランス感覚に優れているというところです。1部は「千里眼」、2部は「神隠し」というテーマがあるんですが、その正体というかオチが、とてもいい塩梅だなと。

**宮下**　1部の「千里眼」に関しては、リアルでもあり得なくはない、というところに、うまく落とし込めたかなと思います。

**内山**　『千里の棋譜』の2部のほうは、ケムコさんで家庭用のアドベンチャーゲームとして作ることになってから執筆されたのですか？

**宮下**　そうですね。他のことをいろいろやりながら書いたので、執筆には7～8ヵ月くらいかかっています。2部は正直を言うと、ちょっとやり過ぎたかなと思います。もう少し時間を使って練れば良かったかもしれません。

**石井**　2部の「神隠し」というテーマについてはよくできていたと思います。2部を最後までプレイされた方は分かると思いますが……将棋棋士の先生方のポテンシャルは凄いと思うので、自分にとって「神隠し」はリアリティのある話だと思いました。現実に藤井聡太七段が神隠しに遭わないかと心配したくらいです（笑）。

**宮下**　2部のモチーフの根底にはそこがありますね。優れた能力を持つ棋士の先生が、理数系なり他の分野で情熱を注いだとき、どのくらいのことができるのかという。

**石井** ネタバレになるのであまり言えないですが、やり過ぎたというのはAI関連の描写でしょうか。

**宮下** ケムコのamphibianさんからは、2部のプロットはオーバーテクノロジーではないかという意見をいただきました。せっかくリアリティのあるものを書いているのに、もったいないんじゃないかと。

**石井** なるほど、amphibianさんはそう思われたんですね。これは個人的な感想ですが、一般の方が読むときは、あのくらいでもいいような気がするんですよ。フィクションの場合、少し時代の先を行ったくらいのほうが、逆に読みやすいということもあるように思います。

**宮下** 最初のプロットの時は、今よりもっとオーバーテクノロジーだったので（笑）。amphibianさんからは、1部の詳細なレポートもいただいています。直す時間はあまりなかったですが、これだけシナリオを読み込んで書いてくれているんだな、とありがたく思いました。

**石井** なかなか同じ目線で指摘してくれる人はいませんからね。

**宮下** シナリオを書くのは孤独な作業なんですよ。一緒にスクリプトをやってくれるメンバーがいますが、その人もシナリオライターではないですからね。シナリオで困ったら、結局一人で解決しないといけないので。その意味で、言われたことはもっともだと思いましたし、とても助かりました。

## 将棋棋士の勝負術～盤上真理を追求するのか、相手を惑わすのか

**石井** これは余談になりますが、『VE』の3号では、将棋棋士の西尾明先生に「将棋とAI」をテ

ーマにしてお話を聞いています。僕は事前に西尾先生から、将棋ＡＩを棋士がどのように使っているかというのをお聞きしていたので、『千里の棋譜』をプレイした時にさらに楽しめました。

例えば今はＡＩで得意な戦法を徹底的に研究されてしまうので、戦法の幅を持っておくのも大事だ、ということを言われていました。だから裏芸で振り飛車を使ったりして、相手が深く研究していない筋に誘導できれば、それはそれで有効ではないかと。

**宮下** なるほど、それはちょっと新しい感じの考え方ですね。やはり最善手を求める棋士が多いと思うので、珍しいかもしれないです。

**石井** 『千里の棋譜』の1部は、盤上真理がテーマのようなところがありましたね。しかしインタビューしたとき、西尾先生は今のＡＩは進歩し過ぎていて、人間がもう理解できないところまで来ていると言われていました。ＡＩが最善手だといっても、実戦で人間がそれを指せるかといったらまた別だと。

**宮下** 人間にとってはその先の手順がわからないと、これが最善手と言われても困りますからね。

**石井** 人間だったら、どの手を選んでも評価値がマイナスにならない状況が理想じゃないですか。しかしＡＩは最善手を常に選んで、一手も間違えなければ最短で勝てる手筋を推奨してきます。ただそれだと、やっぱり人間的には勝ちにくいわけで、その手は選びにくいですよね。

**宮下** なるほど。するとまたちょっと、将棋ＡＩの扱い方が変わってきますね。

**石井** ＡＩは良い手だと言っていても、間違えやすい局面がいっぱい出てくるなら、あえてそちらに誘導するとか、そういう駆け引きですね。

**宮下**　昔でいえば、米長先生とかはそういう指し方をしていました。相手の手を見ながら、間違いやすい局面に誘導するという。

**石井**　終盤のグダグダな局面で勝ちを拾う感じですね。当時の米長先生は、泥沼流と言われていました（笑）。

**宮下**　やっぱり人間同士だと、最善手を指すのではなく、相手が間違える手を指す、そういう局面に持っていくというのが有効なんですね。今の時代になって、再び米長先生の時のようになってきているのが興味深いです。

**石井**　またよく言われるのは、自分が悪くなったとき、逆転の筋は結局ＡＩでは出せないということです。

**宮下**　なるほど、確かにそうですね。形勢に差がつくと、相手を間違わせない限り、最善手だけでは勝てないですから。そこは今のＡＩに足りない部分なので、これから研究が進む可能性があるかもしれません。そのあたりは、『千里の棋譜』の続編を作るとしたらネタになりそうですね。とても面白いところだと思います。

## 『千里の棋譜』衝撃のラストと、続編の予定を聞く

**石井**　『千里の棋譜』の続編を望む人は多いのではないかと思います。プレイした人なら、長野三段のキャラクターに強い思い入れを持つと思うんですよ。彼は一見暗くて頼りなさそうに見えて、心が凄

くイケメンだと思います。個人的には長野三段のその後を、同じくらいのボリュームのアドベンチャーで見てみたい、という気がします。

**宮下**　『千里の棋譜』の2部のラストは、賛否両論とまではいかないものの「なんでこうなってしまったのか」という意見は聞きます。

**石井**　そのくらいラストのインパクトが強かったということでしょうね。少しネタバレになりますが、『千里の棋譜』は、必ずしもハッピーエンドではないと思うので、そこは好みが分かれるかもしれません。

**宮下**　それは難しいところです。ハッピーエンドにすること自体は可能だったんですけど……。

**石井**　でも個人的には、あれでよかったと思います。結末がハッピーか、バッドかだけではなくて、自分を貫いた結果なのか、それができなかったのか、という見方もあります。『千里の棋譜』の場合は、長野三段が自分を貫くことができた、その結果のエンディングですよね。だからこれは必然であっても、不条理で虚しい結末ではないと僕は思います。

**宮下**　どうしようか迷ったんですが、すべてがうまくいってしまうと、ちょっと薄っぺらくなってしまうんじゃないのかな、という思いはありました。

**石井**　将棋棋士は厳しい世界ですからね。『千里の棋譜』の長野三段は、プロ棋士になるために三段リーグを戦っていましたが、ちょうど『千里の棋譜』が発売された頃も、現実で似たような状況がありました。

**宮下**　現実の将棋界では、プロへの編入試験が行われたり、女性の棋士が三段リーグで活躍したりしましたね。残念ながら、今回西山朋佳三段はぎりぎりで女性初のプロ棋士にはなれませんでしたが、大きな話題になりました。

**石井**　現実の将棋界は常に動いていますが、『千里の棋譜』の続編については、作るとしても少し間をおいて、という感じでしょうか。

**宮下**　今はフラットに考えていますので、まだ次に何をやるのか決めていません。しかしいずれは、『千里の棋譜』の続編を作りたい気持ちはあります。それまでにいろいろなネタを溜めこんでおければと思います。

## 自由な立場を活かして、幅のあるゲーム作りをしていきたい

**石井**　将棋を題材としたもの以外に、宮下さんは今後どんなものを作ってみたいと思われますか。

**宮下**　昨今はコロナウイルスなどで大変な状況なので、何か社会的に貢献できるテーマが扱えればいいと思っています。

**石井**　ｗｅｂ上で、放射線関係のお話を作られているという記事を見ましたが、そのようなことでしょうか。

**宮下**　それに関しては、放射線協会にいる大学の先輩から「世間では放射線は危険なものだと思われているので、そこを啓蒙するようなものを作れないか」と言われたところから始まっています。今はサンプル的なものを作った段階です。

同じようなお話があれば、別のテーマにも意欲的にチャレンジしていきたいと思います。例えば政

治、医療、官僚、金融関係などで何かできないかと調べているところです。

**石井**　普段はその分野にあまり興味がない人でも、ゲームをやってみたら面白い、というところまで落とし込めればいいですね。

**宮下**　そうできればいいですね。ゲームクリエイターは面白いと思ってもらうことが本分ですから、プラスアルファの部分で、何か社会の役に立てればと思います。

**内山**　がっぽりゲームで儲けよう、という考えはありませんか？

**宮下**　個人としては投資をやっているので、ゲーム作りはお金がすべて、というわけではありません。そのおかげで自由度を担保できます。とはいえ大掛かりになってくると、ビジネスとしてきちんとやっていかないといけないですね。今回はケムコさん、音楽作家の岩垂さんも含めて、大きなプロジェクトになっているので、実利が伴わないといけないなと。

**石井**　プロとしてはもちろんそうですよね。でもクリエイターとしては、与えられた環境によって、自分の色が出せるかどうか変わってきそうです。

**宮下**　本来優秀なクリエイターが会社の儲ける枠組みの中に埋め込まれたために、力を発揮できないということはあるかもしれないです。そこはいろいろ考えてやっていきたいと思います。

**石井**　今は利益重視で、大きなプロジェクトに参加するといった感じではないということですか？

**宮下**　それが悪いとは言わないですが、例えばゲーム仕立てにした基本無料＋ガチャというモデルになると、クリエイターとユーザーとの関係性は崩れてくると思います。『千里の棋譜』もそうですが、売り切りでソフトを売るビジネスは1回買ってもらえればそれで終わりなので、厳しいところもあります。

ただ決して安くないお金を払ってやってもらうというところは、クリエイターとユーザーとの関係としては正しいと思います。自分はゲーム制作のスタートが、ユーザーとの信頼関係から始まっているので、そこは大事にしていきたいです。

**石井** 自分が今置かれた立場、状況をうまく利用して、できるだけのことをやりたいといった感覚なのでしょうか。

**宮下** 基本的にそういうことです。今はお金だけに縛られず、考えられる幅があるので、それをうまく活かしてやっていきたいと思います。

**千里の棋譜 ～現代将棋ミステリー～**
PS4、Switch、Steam版がある。パッケージ版 3,666円(税込み)、ダウンロード版 3,000円(税込み)。パッケージ版には特別詰将棋冊子が同梱される。

## 第四章

# 最新のAIからゲームを見つめる男たち

この章では最新の技術であるAIに精通し、それを武器に広義の意味での“ゲーム”に取り組んでいる、2人の人物について紹介する。

最初に紹介する三宅陽一郎氏は、日本のゲームAI研究の草分けともいえる存在である。三宅氏はビデオゲームを変えつつあるAI技術について、長期間その実態を見届けながら、啓蒙活動を行ってきた。今回のインタビューは、ゲームとAI特集をテーマに刊行された、電子書籍『VE』Vol.3（2019年）で取材したものである。

次に紹介する西尾明氏は、現役の将棋棋士である。本書はビデオゲームを中心に扱っているが、ゲームを広い意味で捉えれば、将棋もその範疇に入るであろう。西尾氏は近年急速に進化した将棋AIに詳しく、将棋AIと棋士との関わりについて、興味深い考察を行っていただいた。このインタビューは三宅氏と同じく、ゲームとAI特集をテーマに刊行された、電子書籍『VE』Vol.3（2019年）で取材したものである。

ゲームがここから先、未来に向かって大きく形を変えていくならば、それはAI技術によるものと筆者は考える。その時代の最先端の姿を、いち早く吸収していただければと思う。

Chapter Four

AI Of Game

# 三宅陽一郎

YOICHIRO MIYAKE

> 僕のやっていることは、要するに仮想空間に人造人間を作るというようなもので、そこのノウハウには面白いことがいっぱい含まれているんですよ。しかし同じようなことをやっている人が、日本には全然いないのです。

みなさんは、ＡＩという言葉にどのような印象を持つだろうか。二十世紀まで、役に立つＡＩ、人工的な知能はほとんど存在しなかった。学問的な概念の上では知られていたが、一般の人の耳にはとまらなかった言葉だと思われる。しかし近年のディープラーニングなどの技術の発達により、ＡＩは社会のさまざまな仕事に組み込まれてきている。

これからＡＩはいっそう社会の隅々まで浸透し、人々はＡＩと適切な距離感を保ちながら生きていくことが求められるだろう。ＡＩとどのように付き合っていくのか、それは21世紀からの人類にとって、大きなテーマとなるはずである。

振り返ってみれば、ビデオゲームとＡＩとは古い付き合いである。ゲームはモニターの中に仮想空間を作り出すという側面を持っている。

情報の満ち溢れる現実の空間に比べ、仮想空間はシンプルに作ることができる。そのような仮想空間では、現実よりもＡＩを動かしやすい。

筆者が最初にゲームの開発者からＡＩという言葉を聞いたのは、１９８０年代の後半であった。それ以降ビデオゲームには、ときおり試験的にＡＩが組み込まれてきた。だが当時のＡＩはまだ未熟で、ＡＩ搭載のゲームはゲーム業界の本流ではなかったように思う。

2000年以降、FPS（ファーストパーソンシューティング）の発展に伴い、3D空間でリアルな行動をするNPC（ノンプレイヤーキャラクター）が強く求められた。その結果海外では、ゲームAIが研究され、大きく発展することになる。

この時期、日本のゲームはグラフィック面で進歩したものの、それ以上の可能性を見つけられずにいた。ゲームAIを必要とするオープンワールドゲームというジャンルがユーザーに浸透しなかったため、ゲームAIの研究が遅れてしまったのである。

今回お話を伺った三宅陽一郎氏は、日本のゲームAI研究の第一人者である。このインタビューでは、まずAIとは何か、ゲームAIとは何なのかをお聞きする。

そしてゲームAIがビデオゲームに与えた影響と、近年日本のビデオゲームが海外から出遅れてしまった原因について議論を進めていく。

ゲームAIは、仮想世界の中に生命らしさ、人間らしさを生み出すための、重要な要素である。まだまだその分野は発展途上であり、ビデオゲームの残された大きな可能性がそこに存在している。このインタビューを通じ、その可能性の一端を読者に知っていただければ幸いと思う。

**石井**　このインタビューでは、デジタルゲームとその中で使われるＡＩについてお聞きしていきたいと思います。

今現在、世間ではＡＩがブームになっています。しかし言葉だけがひとり歩きしているように思います。ＡＩはいろいろな会社で使われていますが、ちゃんと理解している人は少なくて、「何か重要らしいのでとにかく使おう」という雰囲気があります。

一口にＡＩと言っても、いろいろな側面と意味があると思うんです。そこでおおざっぱに、ＡＩとは何か、最初にお聞きできればと。

**三宅**　おっしゃるとおり、ＡＩは定義がなかなか難しいですね。ＡＩという言葉はおよそ60年前に作られたんですけど、その定義はまだ明確にされていないんです。

最初は「人間の知能を機械の上に実現しよう」というところから始まっています。しかし人間の知能とは何か、それが全然分かっていないので、そこで曖昧さが出てくるんです。

## 機能型のAIと自律型のAIの大きな違い

**三宅**　ＡＩには狭義の定義と広義の定義があって、狭義の意味では自律的な知能を指します。つまり自分で考え、何もかも自分で判断できるというＡＩですね。逆に広い意味でのＡＩは、知的機能がついていれば何でもいい、という意味です。言葉を使っただけとか、探し物ができるとか、道を検索できるとか。何かひとつの機能さえあればいい、というのが広義のＡＩです。

どちらの意味でＡＩを使うかというのは文脈に依存するので、そこが曖昧になりがちです。

**石井**　そこで疑問があるんですけど、本当の意味で自分で考えられる「狭義のＡＩ」は、いま存在しているんでしょうか。

**三宅**　それは難しい質問ですね。一応、自律して動くＡＩっていうのはあるんですよ。ゲームの中でもキャラクターが自律的に動くというのはありますし、ロボットにも自律的に動くものはあります。ただそれが、人間と同じようにはなっていないんですよね。放っておいても動くんですが、そこまで賢くない。ゲームで言えば、敵を見たらやっつけに行くとか、大きな敵が来たら逃げるとか。

世の中で使われているＡＩの95％くらいは、知的機能のほうといっていいんじゃないでしょうか。こういうタイプは機能特化型ＡＩと呼ばれていて、知的な機能がついていればいい。

残り5％くらいが自律型と呼ばれるものです。自律型を研究してきた人はすごく少なくて、まだあまり世の中の役には立っていないんですよ。

**石井**　自律型のＡＩというのは、ＡＩに対する、昔からの一般的なイメージだと思います。自分たちが考える生き物だから、同じような考えられる存在を生み出せたら素晴らしい、というような。もともとＡＩは、そういうＳＦ的な発想から来ているんだと思います。

**三宅**　みんなが想像するのは、アシモフのＳＦに出てくるような、人間とパートナーを組めるぐらい賢いＡＩですね。でもそれは道のりが遠すぎて、やろうとしてもあまり研究にならないというか、学問になっていないとか言われるんですよ。

そちらを目指そうとすると抵抗圧力みたいなのがあって、みんな結局、検索アルゴリズムや画像認識などの分野に分けて研究する、という潮流がほとんどになってしまいました。現在、特に注目されているディープラーニングは機能型なので、自律型の研究はどんどん小さくなっています。

**石井**　逆に言えば、機能型、特化型と言われるＡＩが、目に見えてこれは役に立つぞ、というレベルまで進化してきてしまった、ということでしょうか。

**三宅**　そのとおりですね。そこは大きいです。ただ機能型を統合したら自律型になるかというとそうでもなくて、統合するには統合するテクニックみたいなものがあるんです。

**石井**　機能型のＡＩと、自律型のＡＩは別物だということですか？

**三宅**　そうですね。本来は両輪で研究を進めていければいいんです。しかし機能型のほうが世の中のニーズに応じて作られるので、すぐに役立つんですよ。産業の隙間にどんどん入っていけるので、そちらの研究が盛んになっているわけです。

**石井**　しかし多くの人がイメージするＡＩというのは、やはり人間のように考えられるという印象がありますよね。だからＡＩがいろんな産業に入っていけると言われても、なんかピンとこない、というのはあるんじゃないでしょうか。

**三宅**　おっしゃるとおり、現在の世間のＡＩのイメージと、実態とはかなり違いますね。例えば「囲碁のＡＩが人間より賢くなった」というと、普通の人は「囲碁でＡＩが人間より強いんだったら、事務作業とか、洗車とか食器洗いも全部できるはずだ」と思うわけですよ。

しかし実際には囲碁のＡＩは囲碁しか打てないし、将棋さえ指すことができない。一つの問題を解くためだけに存在しているんです。

その誤解が、ＡＩに対する不安を生んでいる材料でもありますね。ＡＩにどんな仕事も乗っ取られてしまうというような。しかしその実態は、まだＡＩの力は全然足りていない、というところです。

**佐藤（本誌編集者・スタンダーズ編集部）** 囲碁と将棋も統合できないんですか？

**三宅** できないですね。もちろん統合しようという考え方もありますよ。しかし今のＡＩには、メタファーの能力がないんですよ。これが人間だったら、料理がうまくなったら化学実験もうまくなる、というようなことがあるじゃないですか。将棋とチェスでもいいですけど。人間にはそういう深いところで抽象化する能力があるんですけど、ＡＩにはないんですよ。

むしろ囲碁が強くなればなるほど、他のことが何もできなくなる。人間は一を学んで十ができるんですけど、ＡＩは千から一を学ぶというところがあって、まったく逆の経路をたどっています。

## ＡＩとフレーム問題

**三宅** ＡＩには、フレームという問題があります。問題の条件を閉じれば、ＡＩは必ず人間より賢くなるんですよ。

囲碁や将棋といったボードゲームは、完全に閉じた世界じゃないですか。不確定性がないんですよね。だからこういう問題は、今のＡＩのレベルだと、必ずＡＩのほうが人間より賢くなります。

しかし今のＡＩのレベルだと、クルマの自動運転も難しいんですよ。外でクルマを走らせる場合、例えば雷が鳴るかもしれないし、洗濯物が飛んでくるかもしれない。あるいは前方の人がライトをつけていなかったりするかもしれない。このようにいろいろな不確定性があります。現実では、その不確定性は無限個存在するので。

**石井** ＡＩには、その可能性を全て入れ込まないといけないんですか？

**三宅** そうなんですが、それを何個入れればいいか、というのが問題です。80年代は、それを一個一個全部入れていったんですよ。しかし不確定性があるので、いつまで経っても終わらなくて。

**石井** 当然それはそうなりますよね（笑）。

**三宅** そのせいで、80年代の結論としては、ＡＩはもう駄目だ、ということになってしまった。

**石井** そういう理屈だったんですか。

**三宅** そうです。実を言うと、今でもそれはあまり変わっていなくて、ＡＩはまだ、現実に対しては力がないんですよね。

**石井** 閉じられた環境で最適化していくのは得意だけれど、不確定な情報が氾濫している現実の世界を扱うのは苦手だと。

**三宅** ＡＩは人間が想定している中で動かしているので、人間を超えるどころか、箱庭の中で動いているだけです。

その箱庭のセッティングの仕方が、むしろＡＩをうまく動かす方法だったりします。ＡＩはその中で、無限に学習していくんですよ。囲碁なら囲碁、将棋だったら将棋、自動翻訳だったら自動翻訳というように、その中で賢くなっていく。どんどんその専門家になっていくんです。

## ボードゲームプレイヤーしてのAIとブラックボックス化された思考

**石井**　現在のほとんどのＡＩは、一つの機能に特化して、人間の思考速度を超えて最適化されていっているわけですね。囲碁や将棋のソフトもその例だと思うのですが、昔と比べるとずいぶん強くなったという実感があります。

僕は昔からＳＦを読んでいたので、ＡＩという概念は知っていました。しかしこれまで、現実でＡＩの進歩を実感したことはなかったんです。しかしディープラーニングによって囲碁のソフトが人間より強くなったことには、かなりのインパクトがありました。

昔のゲームソフトは囲碁も将棋もすごく弱かったですけれど、それがＡＩの進歩によってここまで強くなった。特に序盤や中盤が人間より強い、というところが衝撃的でした。昔は計算の速さに任せてゴリ押しで読むというイメージでしたが、序盤が強いとなるとそうではないな、と。

**三宅**　Ａｌｐｈａ碁がイ・セドルとやったときの敗着は、七手目と言われていますね。つまり序盤で七手目を打った時点で、負けが確定しているという。それは人間にとっては読み切れないですよね。

**石井**　あれは単純な計算速度の問題ではないと思うんですよ。僕は将棋の中継を見るのが好きで、将棋ソフトの評価値を見ながら観戦したりするんですけど、終盤のほうがまだ人間が上回る余地があるように思います。

人間はひとつの方向に絞って一気に長く詰みまで読むことができるけれど、将棋ソフトは広い手筋を読んで、ある程度の深さで読みを打ち切るようにしている。だからまだ終盤のほうが、ブレがあるんですよね。

むしろ序盤中盤の、分かりづらいところのほうが人間よりも強い。そのことが、僕がＡＩについて関心を持つきっかけのひとつになっています。

**三宅**　ボードゲーム系のＡＩは、最初に人間の棋譜から学んだ後に、自己対戦で学習していきます。序盤の研究はある程度自己学習でされている、ということですね。ＡＩ自身がいろいろ試して、勝率が高くなる方向に学習したということだと思います。

**石井**　将棋ソフトはまた違うところがあると思うんですけど、囲碁の場合は明らかにディープラーニングの自己学習のおかげですよね。

**三宅**　そうですね。囲碁のソフトにはこれまで3つの段階があって、２００６年にモンテカルロ木探索という方法が導入されて、そこで初段くらいまでいきました。

**石井**　モンテカルロ木探索というと、単純に言えば、有望そうな手をより深く読んでいくようにする方法ですよね。

**三宅**　そうですね。その次にディープラーニングがあって、さらに強化学習を入れて、段階的に賢くなってきたと言われています。

でも、ＡｌｐｈａＧｏが考えていることが何なのかというのは、よくわからないんですよ。結果を見ればずいぶん強くなったな、というくらいの感想なんですけど、研究者としては、盤面をいったいどう捉えているのかな、というのを見たいんですよね。でもなかなかそういった論文は出てこなくて。

例えばニューラルネット20層だったら、ディープラーニングではスケールを変えながら見ていきます。4×4、8×8、16×16というように。だから本当は、各スケールごとに何が見えているのか、分かるはずなんですけど。

**石井**　よくAIの思考がブラックボックス化されている、と言われることがあります。ニューラルネットで何を考えているかというのは、実際のところ分かるものなんですか?

**三宅**　理屈の上ではわかるはずです。しかしどうやってそれを可視化したり、取り出したりするかというのがひと苦労なんですよ。ダイレクトに取り出すのは難しい。だからなかなかその研究成果が出てこなくて。

**石井**　もう結論は出ているんだから、その過程よりも現実問題として何ができるか、という研究のほうに行ってしまうのかもしれませんね。

**三宅**　そうですね。過程が分かりにくいというのは、ニューラルネットの宿命です。ニューラルネットというのは、簡単に言うと電気シミュレーションの集合ですね。そこには記号による表象がなく、電気の流れだけがあります。つまり人間には意味がわからないのです。

囲碁もかつては模様のパターンみたいな、パターンマッチングでやっていたんです。要するに評価関数というヤツです。

Ａｌｐｈａ碁は、評価関数をまるごとニューラルネットに置き換えたものです。囲碁の盤面は19×19のインプットがまずあって、白、黒、なしの2ビットですよね。その模様をニューラルネット20層の間で、ガガガって解析して、最終的にここがいいよ、と出してくれるんです。打つべきポイントを、

60％、20％、10％というような形で。

ＡＩは記号主義とニューラルネットの、二つの種類があるんですよ。記号主義はプログラムなので読めば分かるんですけど、ニューラルネットは何を考えているのかさっぱり分からない。ゲームでもときどきニューラルネットを使うんですけど、デバッグができないんですね。

だから、これまでは、あまり使ってはいけない、と言われていた。そのために、ゲーム業界はニューラルネットに対して、ちょっと拒否感があるんです。

すでに完成されているゲームの囲碁とは違って、デジタルゲームで使うＡＩは、ゲームの中のＡＩですよね。Ａｌｐｈａ碁というのはゲームの外にいる打ち手のＡＩですけど、キャラクターに搭載したＡＩはゲームの構成要素です。そこに不確定性を持ち込むというのは、ゲームデザインそのものを揺るがすことになるので。

**石井**　それでは、ゲーム内でＡＩを使うのは難しいんでしょうか。

**三宅**　ニューラルネット以外のＡＩ技術は頻繁に使われます。しかし、ロジックで書くと難しい場合はニューラルネットを使います。例えばキャラクターが1体いて周りに10人の敵がいたとします。このとき誰を最初にやっつけるかというのに、ニューラルネットを使います。

これをロジックで書くとｉｆ文が4つくらいになりますが、16通りもデバッグはしたくない。結局16通りは再現できないので、それならＡＩの学習で拡張したほうがいい。そういうロジックで書くとすごく複雑になるものを、ニューラルネットの直感的な方法でやるという感じですね。

**石井**　それでは実際に、ビデオゲームでもニューラルネットが使われているということですね。

**三宅**　使われています。先ほど例に挙げたのは、ターゲッティングという、誰をやっつけるかという問題ですね。あと岩を武器として使うんだよ、というような、物の使い方を学習させるときにニューラルネットを使います。
　ピーター・モリニューが作った『ブラック＆ホワイト』（２００１年）などがそうですね。そのほかに、レーシングゲームなど問題がはっきりしているものなどです。その他には学習系などで、最近少しずつ入ってきている感じです。

## 1990年代の半ばからゲームのAI研究が本格的に始まった

**石井**　それでは今回のインタビューの本題になる、ビデオゲームとＡＩの関係についてお聞きしたいと思います。ゲームにＡＩが使われるようになった、歴史的なところからお伺いできればと。
**三宅**　この分野が本当に始まったのは、１９９５年くらいなんですよ。それまではこれがグラフィックなのか、ゲームギミックの部分なのか、システムなのか、ＡＩなのかというのが、ゲームプログラムのアセンブラの中で混在していて分離できなかったんですよね。
　その後ゲームが３Ｄになって構造化し、複雑になってきたときに、グラフィックはグラフィック、ゲームギミックはゲームギミックというように分離したんですけど、ＡＩはプレイステーションの頃はまだ分離されていなかった。当時は２Ｄのやり方で３Ｄのゲームを作っていたので、２Ｄの頃はキャラが賢かったのに、３Ｄになって壁にひたすら頭をぶつけるというように、駄目になってしまった。

今ならＡＩを使ったパス検索がありますが、まだ技術が追いついていなかった。それで３Ｄになってキャラクターの思考の質が落ちたわけです。これは何とかしないと、ということで、本腰を入れて研究が始まりました。

日本では、第2次のＡＩブームというのが１９９４年に終わります。１９８０年から１９９４年までが、第2次ブームと言われているスパンです。エキスパートシステムという、ルールを積み重ねる方法と、ニューラルネットワークの逆伝播法という、今のディープラーニングの一つ前の方法が流行ったんですよ。

ゲーム業界には、その技術が少し遅れて入ってきます。90年代後半にはＡＩゲームがよく作られました。例えば森川幸人さんが作られた『がんばれ森川君2号』（１９９７年・ＳＩＥ）『アストロノーカ』（１９９８年・スクウェア・エニックス）があります。

そのほかセガの『シーマン』、海外ではWindowsでＡＩを育成する『クリーチャーズ』（Millennium Interactive）とか、そういうゲームが盛り上がったときがありました。

ところがプレイステーション2になると、グラフィックの時代になっていくので、リソースの関係でＡＩにメモリーが来なくなるんですよ。

**石井**　ＰＳ2になって、グラフィックのグレードがまた一段上がりましたからね。業界は美しいＣＧでゲームの世界を描くことに注力していった感があります。

**三宅**　そうですね。そこでＡＩをゲームに使おうというブームは一度しぼんだんです。いっぽう海外は２０００年くらいからファーストパーソンシューティング、いわゆるＦＰＳが盛り上がったので、その中で敵の動きを何とかしないといけない、というのが大きな問題になっていました。

## 仮想現実に対する海外の強いこだわりがゲームAIを進化させた

**石井**　FPSは3Dポリゴンで広い空間を作っていて、そこに登場する敵が人間ですよね。だからNPCが本物の人間のように動く必要があるので、必然的にAIを使わざるを得ないんですね。

**三宅**　そうですね。広い世界の場合、AIを使ったほうがやりやすいんです。どこで戦闘が起こるのかわからないフィールドだと、自律型のAIを入れないといけない、というのが大前提です。

海外では解決すべき問題がはっきりしていたので、パス検索や意思決定、メタAIと呼ばれるゲームコントロールシステムが発展しました。これらが培われたのが2010年くらいまでですよね。

**石井**　僕は古くからアーケードゲームをやっていましたが、海外のゲームは立体を描くというか、シミュレーション世界を作ることにすごくこだわっていると感じていました。

例えば70～80年初頭のベクタースキャンのゲームもそうですし、クォータービューで描いたシューティングの『ザクソン』（1982年・セガ）が海外で売れたりしていた。日本人だと斜め視点は当たり判定が分かりづらいから、敬遠されたりするんですけどね。

その後3Dポリゴンが出てくることで、現実に近い世界がゲームの中に作れるようになってきた。それが文化的なこだわりみたいなものと、マッチしたのかなと思います。

**三宅**　そうですね。海外のゲームには、ひとつの世界を作ろう、という強い意思を感じますね。現実そっくりの世界を作って、その中で遊ぼうというような。ゲームデザインという面から見れば、ちょっと不器用なところもあると思うんですが。

**石井**　それはゲームとして面白いの？　とツッコミを入れたくはなるけれど、とりあえずゲームの中に世界を作ってみようと。

**三宅**　今のオープンワールドゲームの潮流も、そこからつながってきていると思います。結局のところ、あれが彼らの理想郷なんですよ。

日本はどちらかというと遊園地型といいますか、お客さんをおもてなしするという感じです。だからそんなに高度じゃないＡＩでも問題がない。日本は低スペックでも動くゲーム作りの名人みたいなところがあって、それがうま過ぎる。

**石井**　だから日本では、作り手の思うように全部プレイヤーを誘導しよう、という発想がありますね。仮想現実を作るのではなくて、楽しませる装置を作るというか。

**三宅**　まさにそうですね。逆に言うと海外は不器用なので、キャラクターを動かそうというときにＡＩを使おうということになった。技術依存にならざるを得なかったことが、逆にＡＩの進歩につながったわけです。

しかし日本の場合は、そこをレベルデザインでうまいこと作ってしまう。ＡＩも低負荷で動くので、ＡＩの新しい技術を入れようとすると、逆にいらないって言われてしまうんです。

**石井**　勝手に行動するＡＩは、むしろ扱いづらいと思われてしまうんですね。

**三宅**　僕がゲーム業界に入ったのが２００４年ですけど、勝手に動いちゃ困るよ、と言われて（笑）。

**石井**　いや、勝手に動くのがＡＩのいいところなんですけどね。

**三宅**　当時はちょうど時代の境目だったと思います。「俺が全部スクリプト書いて動かすから、ＡＩは黙っといて」みたいなことが多くて……。パス検索を入れようとすると「どうやってデバッグするの」と。「決めたパスじゃないと、何かに引っかかったらどうするの」と言われて。

**石井**　パス検索という言葉は、僕はわりと最近、ＡＩに関心を持つようになってから知りました。しかし記憶をさかのぼると、パス検索について考えさせられることはいろいろありましたね。

例えばアーケードで90年代に『スパイクアウト』（１９９８年・セガ）という３ＤＣＧの格闘ゲームの名作があったんですけど、それがＸｂｏｘに移植されたことがありました。『スパイクアウト』は90年代の古いゲームですが、移植されれば海外で人気が出そうだと思っていたんです。でも実際には海外での評価があまり高くなくて……。

その理由のひとつに、ボスを倒すとザコ敵が逃げるという演出があるんですけど、そのザコが壁に引っかかるんですよ。これが駄目だ、ということらしいんです。

日本では「そんなのはゲームだから」で済まされるんですけど、すでにこの時点で海外では「壁に引っかかるゲームなんて」という認識になっていたんですね。

個人的にパス検索について実感したのは『The Elder Scrolls V: Skyrim』（２０１１年・ベセスダ・ソフトワークス、以下『Skyrim』）です。『Skyrim』の中でＮＰＣと出会って別れるシーンがあるんですけど、そのＮＰＣはちゃんと元にいた街に戻っていくんですよ。

昔の日本のゲームだったら、ＮＰＣと別れて10メートルくらい歩いたら、そこからプレイヤーに絶対追いつかれないようにして消しちゃう、というのが定番でした。でも『Skyrim』のNPCはそういう演出のウソをしない。NPCは何日もかけて、野を越え、山を越え歩いていって、目的地まで進んでいくんですよ。

これはどう考えても、決まった経路を入力して歩かせているわけじゃない。今までのゲームには無い感覚だなと。

**三宅**　海外はむしろ、そういう現実にそっくりなゲームをずっと作りたかったんだと思うんですよ。70年代、80年代を通して。

でもスペックが追いつかないから、悔しいながらもなんとなくアブストラクトなゲーム（現実をデフォルメしたゲーム）を作っていた。逆に日本はアブストラクトゲームが十八番なので、現実に沿おうとしなかった。

## オープンワールドを発展させた洋ゲーと時代に取り残された和製ゲーム

**三宅**　2000年くらいが分岐点だったと思うんですよ。それ以降はXboxでパス検索などが入ってきます。海外はPCゲームが強いので、PCのスペックの伸び代で、ようやく自分たちがやりたいものができるようになってきた。それが『Skyrim』やFPSに代表される、現実によく似たゲームです。

進歩したテクノロジーを使って、一気にグワッとやってしまった。そのとき日本は、スペックが伸びて余った部分をどうしようか、グラフィックに回そうかといった感じで、ゲーム自体はほとんど昔と変わらなかったんですね。

**石井**　個人的な話になりますが、僕はゲーメストをやめた2000年以降、『ファミ通Xbox』などでゲームレビューを担当していました。だから毎月、海外のさまざまなタイトルをプレイさせられるんですよ。レビューを始めた当初は、まだ海外ゲームにも質の低い作品がたくさんありました。

しかしそれがどんどん進歩していく過程を、まざまざと見せつけられたんです。日本のゲームがかなり取り残されているという感じを、ずっと実感として持っていました。

当時の日本のゲームは、ロールプレイングゲームの大作主義が強すぎましたね。ゲーム関連のマスメディアも、それを煽りすぎたと思います。

当時はターン制の戦闘をするRPGが一般的でしたが、これは低いスペックのハードでもできる戦闘形式です。それ自体は面白くても、時代の流れとしては遅れている。昔ながらのものがもてはやされすぎている、という危機感がかなりありました。

いっぽうで海外では、ゲームの中に世界を作って、自分の分身がその世界に入ってやり合う、という表現が進んでいきました。こちらのタイプの戦闘は、80年代から続くアーケードのアクションゲームの系譜を発展させたものだったと思います。

**三宅**　そのときにもう危機感があったんですよね。

**石井**　ありましたね。昔からアーケードは、スペックや技術の進歩に即して人気のゲームジャンルが変化してきたんですよ。だから僕にとっては、ハードが進歩すれば、それをベースにしたゲームが新

しく人気になるのは当たり前のこと。そういう流れでゲームを見ていたので、海外のオープンワールドゲームには注目していました。

今はそんなことはないですけど、当時は海外ゲームが好きだというと、洋ゲー厨とかいって馬鹿にされたりしたんです。

**三宅**　「洋ゲー」というワードは、ちょっとディスるような意味がありましたね。

**石井**　そうなんですよ。

**三宅**　日本が惜しいのは、アーケードで培ったものが受け継がれなかったことですね。アーケードの文脈は、『シェンムー』（1999年～・セガ）とか、『モンスターハンター』（2004年～・カプコン）とかに流れたわけです。『シェンムー』のクイックタイムイベント、あれは今のオープンワールドで結構、欠かせないものになっています。ただ、あの潮流がそのまま日本のコンシューマーに流れなかった。

**石井**　カプコンはもともと海外志向の強いメーカーだと思います。『GTA』（グラン・セフト・オート、1997年）を古くから日本で販売していたのもカプコンですし、2006年には『デッドライジング』を作っています。

『デッドライジング』は、モール街を閉鎖空間の箱庭に見立てたゾンビもののアクションゲームですが、日本的な作りこんだ部分もあるし、箱庭フィールドに適した新しいゲームルールもある。これはとても良くできていて、世界的にはヒットしました。

しかしプラットフォームがXbox360だったので、日本でそれほど話題になっていなかったんです。

**三宅**　カプコンには、アーケードで培った身体感覚があったのかもしれませんね。カプコンのアクションはとてもよくできているし、あれは他の会社にはなかなかないセンスですよ。だから人気もある。『モンスターハンター』が最近海外で売れているのは、その血脈が残っていたからなのかな、という感じはします。

**石井**　家庭用ゲームは買い切りなので、どうしても発売前の話題性が重要になってきます。当時は大作ＲＰＧの宣伝や機種のハード論争が大きな話題になっていましたが、今思うと虚しいですね。結局進むべき方向にある作品を評価できず、日本のメーカーは時代の流れに取り残されてしまった感があります。

## オープンワールドゲームの開発にマイナスに働いた日本の〝見立て〟の文化

**三宅**　海外の人たちは、現実を仮想世界に再現するということにものすごい価値を見出すんですよ。グラフィックもそうですし、ＡＩもそうです。

人間そっくりなＡＩを作ることに価値を感じていて、それをヒューマンライクＡＩと言います。それ自体に価値があるので、逆に人間と違う行動をキャラクターがした場合、すごく評価が落ちるんですよね。先ほど話に出た、キャラクターが壁に当たるというような。

これが日本のユーザーだと、見立ててくれると思うんですよ。これはゲームだからって。歌舞伎と

一緒で、ふすまがあったらどうとか、富士山が描いてあったらどうとか、むしろ世界を見立てさせてほしい、みたいなものがあると思うんですけど、向こうのユーザーは見立ててくれないので。

**石井** 日本は古くから能や歌舞伎のような舞台芸術がありますね。コミックも独特の二次元の表現で、世界を見立てています。現実そのままのように描かなくても、見立てることによって、そこに映像を心の中で投影してくれる。だからその見立ての能力が裏目に出たのかもしれませんね。『スパイクアウト』で敵が逃げて壁に引っかかるのが不満だという話を聞いたとき、なんで外国人が文句を言うのか不思議でした。

**三宅** 欧米とアジア、日本の持つユーザーのリアリティの違いと言いますか、そういうのがはっきり出たと思うんですよ。海外では現実ではあり得ないことをゲーム内でするときには、何か説明がないと納得してくれないでNGになってしまいますから。

**石井** 日本だと、ゲームだからそういうもんだろうなと察してくれるというか、空気を読んでくれる。

**三宅** 日本だったらキャラクターが7メートルジャンプしても、そういうゲームなんだ、みたいな。でも海外で出す場合は何かしら説明が必要ですね。ここは重力が弱い惑星なんだとか、この子の右足は特殊なんだというように。

**石井** 何かしら設定が必要になってくるんですね。でも3Dポリゴンが出てくる前は、そうでもなかった気がします

**三宅** ファミコンやスーパーファミコンの時代は、ゲームサイズも小さくてアブストラクトな空間だったので、みんなが勝手にリアリティを作り上げることができたんです。それがユニバーサルデザイ

ンになっていたんですよね。

ところがゲームがどんどん拡張して大きくなっていくと、どんどん文化の差、感じるリアリティの違いが出てきて、それが日本と海外の深い溝になってしまったんです。最初はＣＧ、次に物理、ストーリー、そしてＡＩですね。

２００５年から２０１５年くらいの間は、海外のゲーム市場が急激に伸びていくのに比べ、日本のゲームの伸びはそこそこしかなかった時代です。そこで日本も海外のユーザーに合わせようとしたんですけど、あまり成功できなかった。

## 日本のゲームメーカーが理解できなかった海外オープンワールドゲームの要点

**石井**　僕が感じたのは、ゲームの方向性、ゲームに求めているものが、日本と海外ではずれていたということです。

僕はアーケードを専門にやってきた人間ですが、２０００年以降に日本の家庭用ゲームをやり始めたとき、アクション的な感覚を持っている作り手がすごく少ないなと感じました。アーケードのほとんどのゲームは、リアルタイムアクションなので。

オープンワールドという新しいゲームジャンルは、フィールドがシームレスにつながっている点がしばしば強調されます。

しかし実際のところ、フィールドでプレイヤーがやっていることというのは、リアルタイムアクションじゃないですか。スティックやボタンでキャラクターを歩かせたり、手足を動かしたりして攻撃するわけなので。これはターン制の戦闘システムとは全然違うんですよね。これが今回のＡＩの話にどう結びつくかわからないですけど。

**三宅**　ユーザーとプレイヤーキャラの身体というのは、鏡面のような関係なんですよ。プレイヤーに対する操作の違和感があると、ＡＩに対しても違和感があると思うんです。

つまりユーザーがどのくらいの身体性をゲームに投影しているかで、ＮＰＣに対しても同じ身体性を求める、というところがあるんですね。

欧米で求められるＦＰＳの身体性が良くわからなかったので、日本でもＦＰＳを作ろうとしたんだけど結局作れなかった。だから日本のゲーム会社はＦＰＳを作らなくなってしまいましたよね。向こうの忍者ゲームがちょっと変なのと同じで、ちょっと何か違うな、という感覚が分かっていない。

**石井**　Ｘｂｏｘで広いポリゴンの世界が作れるようになってきたとき、日本でもフィールドを探索できるＪＲＰＧがいくつか出たんですよ。でも僕からすると、余計なゲームシステムが乗っかっていると感じたんですよね。このシステムって、ターン制ＲＰＧの発想からきているもので、アクションゲームの発想ではないなと。

僕のアクションゲーム的な発想だと、オープンワールドにそんな余計なシステムはいらないんですよ。その３Ｄ空間のゲーム世界で、ストレス無く動けて、違和感のない行動ができればそれでいいんです。

プレイヤーが好きな行動をすることで、面白い展開になるようにレベルデザインをすればいい。余計な謎のシステムなんかいらない。

**三宅**　２０００年から２０１０年の間はまさにそういう時代で、海外がシンプルな物理シミュレーションとか身体シミュレーションに力を入れてリアリティを追求していました。

いっぽう日本はスペックが上がって制限が外れたので、いっぱいわんさか楽しいシステムを作ったんですけど、それは結局海外ではウケないわけですね。

**石井**　日本のゲームはプレイヤーに遊び方を押し付けてくるところがあります。システムを前面に押し出して、それに沿ってやらせようとする。

オープンワールドの場合、ゲームの中に世界を構築した上で、「プレイヤーはこういう風に行動したくなるはずだから」と想定して、そこに沿ってレベルデザインをすればいいと思うんです。『Skyrim』はまさにその部分がよくできているんですよ。

**三宅**　それは海外の、３Ｄゲームが出てきた以降の大きな流れだと思います。ぜんじさんはいち早く洋ゲーに接したので、その流れを身をもって体験され、オープンワールドが理解できたのでしょう。

普通のユーザーというか、日本のそこまで洋ゲーに接していないユーザーは、オープンワールドになると放り出された感じがあるので、もっとルールが欲しいとか、一本調子でやってほしいと思うのかもしれませんね。

**石井**　『Skyrim』で遊んでいた日本のプレイヤーの中には「メインのクエストだけやって止めました」とかいう人がいるんですけど、そうじゃないんですよ。『Skyrim』は好きに旅をして、いろいろな土地を回って、細かいクエストをやって、実はこの人とこの人がつながっていて、この場所にはこんなものが裏に潜んでいたんだ、というのをやり尽くすのが面白いゲームなんですよ。

そこにはさまざまな人々が暮らす日常があって、その裏には神々たちの隠された思惑、世界の真相があったりするわけです。その膨大な世界の中では、メインクエストは一部でしかないんですね。

**三宅**　そういった違いは、開発者もなかなか分からない。一部の開発者は違いを分かっていたんですけど、なぜオープンワールドなのかは分からなかったですね。もっとクエストがあればいいのか、なぜ箱が広くないといけないのか、そこが今となってはなんとなく分かる。当時のオープンワールド系は、けっこう荒削りなところがあったので。

**石井**　最初の頃のオープンワールドゲームは、まだ完成度が低かったですね。フィールドの広さがウリなんだけれど、広すぎてまったく敵に遭遇しないとか、クエストを頼まれるんだけど、どこに行ったらいいかわからないとか。何時間もゲーム世界でさまよい続ける苦行をしました。海外のゲームも、試行錯誤をしながら進化したように思います。

ただ一時期は、海外での日本ゲームの評価があまりにも低すぎたと思いますね。異常なまでの日本製ゲーム叩きを感じていました。それに比べると、今はまた日本のゲームが再評価されてきたのかな、という雰囲気を感じています。

**三宅**　今年のGDCはいろんな日本のゲームが賞を取っています。『モンスターハンター』が1000万本近く売れていたり、『ニーアオートマタ』（2017年・スクウェア・エニックス）が売れたり、この1年でようやく評価が戻ってきたかなと。

**石井**　正直に言えば、日本のゲームがそんなに変わった気はしないんですけどね（笑）。

**三宅**　劇的に変わっていなくても、変わった部分はあると思います。日本のゲーム業界は２０１０年くらいから、「我々は海外に負けた」という意識がすごく強くて、コンプレックスがあるんですよ。だから開発者は必ず洋ゲーをやるんです。何が違うんだろうと。
向こうが昔、日本のゲームを吸収したのと同じように、海外のゲームからいろいろ吸収したのかな、と思います。

## 海外のオープンワールドとＪＲＰＧの没入の仕方の違い

**三宅**　日本のユーザーの、ゲームに対する没入の仕方というのは、海外とちょっと違っていると思うんですよね。日本のユーザーは一人称が苦手だし、キャラクターを、「世界との間」に置きたいという人が多いんですよ。
日本のＲＰＧは特にそうですけど、自分が世界に入るのではなくて、自分がいて、ゲームキャラクターがいて、世界があって、かつ物語がある。物語を追体験する形式ですね。
海外ユーザーは、どちらかというとＦＰＳもそうですけど、世界の中に自分が入って、その自分自身が体験としてゲームをしたいと思っている。物語は最初から一本調子ではなくて、自分自身の行動によって体験が作られて、ストーリーが生まれる、みたいな。そこにいろんなシステムが必要かというと、いらないわけですよ。
**石井**　日本のユーザーは、自分をゲーム世界の外に置きたがるという話が出ましたけれど、今は変わってきていると思うんですよ。

例えばライトノベルの世界では、現在はいわゆる「なろう系」の、異世界に転生するタイプの小説が流行っています。異世界転生ものは、自分がいきなり異世界に放り込まれたらどうするか、といったシミュレーション的な側面があります。

また自分の素直な欲望をそのまま体現するという、ストレートなところもある。これはオープンワールドゲームの感覚に近いと思います。

ひと昔前のライトノベルは、異世界にキャラクターがいて、彼らの物語を眺めて楽しむスタイルでした。これはある意味、ＪＲＰＧのシナリオと同じタイプです。ライトノベル的なところから見れば、ちょっと古い。


**三宅**　そうですね。ＪＲＰＧの世界では、昔ながらの主人公像という形式はずっと守られています。義経的なキャラクターがいて、その周りに仲間がいるという。

ただライトノベルの「なろう系」は、主人公がひ弱で優しい。優柔不断でみんなが投影しやすい形になっています。いっぽう、海外のゲームはマッチョなんですよ。異世界でマッチョに振るまえるというのが、洋ゲーの前提になっていたりします。

日本が没入型をやるとしたら、主人公の立ち位置はマッチョでは受け入れられないでしょうね。ひ弱で力もなくて、いっぱい他人に助けられたり、ちょっとひょうきんで……というような主人公。そんな「なろう系」展開の主人公を、世界の中心に置けるような設定にしないといけないんだろうなと。

没入型の障壁は下がったと思うんですけど、主人公に求められる性質というのが、海外とは対極にあるのかなと。日本の新しいオープンワールドの可能性としては、ひ弱に見える主人公が活躍できるサバイバルみたいなものがあるかもしれません。

## 海外と横並びになった日本のゲームAI事情

**石井** オープンワールドが家庭用ゲームのスタンダードになって久しいですが、現在の日本のビデオゲームと、AIの状況はどうなっていますか？

**三宅** 近年はゲームデザインという面から見ると、特別な革新があったわけではありません。2010年から2018年の間は、AIの技術的にもそれほど新しい技術は出てきていないです。

それでは何をしていたのかというと、スケールアップをしていたんです。ナビゲーションAIだったら、その範囲が20倍になりました、意思決定のAIについて言えば、どんな場所でも戦闘できるようになりました、というように。

その間に、日本は遅れていた部分をかなり取り戻しました。今はゲームAIの技術的には、海外とはほとんど並んでいます。

**石井** AIの研究は日本が遅れていると一般的に言われますけど、ゲームAIは追いついてきているんですか？

**三宅** 今は例えば、アンリアルエンジンの中にAI技術が入っているので、個人がそんなに頑張らなくてもいい。ダウンロードすればいろいろ付いていて、明日から使えるものになっています。

**石井**　ＡＩが使いやすいものになってきているんですね。

**三宅**　そうなんですよ。ゲーム業界全体から見るとそれほど進歩していなくて、ほぼ技術が横並びになっています。技術が頭打ちになると、日本はなぜかすごい良いゲームを作り出します。先頭は他のヤツに走らせて、失敗するのをよく見ておこう、というような。

**石井**　昔からアーケードでも似たようなことはよくありましたよ。先に突っ走ったのはいいけど、後から美味しいところを持っていかれてしまうメーカーがありました（笑）。

**三宅**　今は海外の人たちが荒っぽく開拓したものを、日本がちゃんと整地してやっていく、という感じになっています。80〜90年代は日本のほうがそういう開拓をしていましたね。

それを考えると、今は立場が逆転しているように見えます。とはいえ、まだまだゲーム産業をリードしているのは、半分以上海外かもしれません。

**石井**　日本が海外ゲームに押されているのは残念ですが、それがあったからこそ、日本でもゲームＡＩが注目されるようになったのかもしれませんね。

**三宅**　もしずっとそのままだったら、日本のゲームにＡＩは永遠に入らなかったと思います。海外のシミュレーティブなゲームがどんどん拡張したおかげで、ＡＩがそこに入ってきた。海外はその重要性にいち早く気づいて、研究分野としてキャラクターＡＩをやるという流れができました。

だから海外には、世界的なデジタルゲームの人工知能専門のカンファレンスがあるんですよ。いろいろな大学の研究室がデジタルゲームのＡＩの研究をしているのに、日本ではほとんどやっていない。それはちょっと悲しいですね。

**石井**　海外で評価されてからようやく国内で見直される、ということが日本にはたくさんありますね。ビデオゲームもそうですが、ゲームＡＩもそうなんだと思います。

**三宅**　まずゲームのＡＩということで、すごく低く見られる。さらにモンスターのＡＩだとさらに低くなって、地下の深い穴の、世界の果てみたいなところで、これまで研究をしていたわけです。

今でも日本のゲーム業界に、ＡＩの専門家は少ないです。それでも大手各企業で1～2人は、専門家が出てきていますね。昔よりずっとレベルが上がったし、情報もツールも手に入るようになりました。

現在は、「AI Game Programmers Guild」（http://www.gameai.com/）という世界的にオープンなコミュニティがあります。そこがＧＤＣのＡＩサミットを毎年やっていて、「Game AI PRO」という本を2年おきに出しています。そのおかげで、ほぼ技術は共有されている状態にあります。その意味では、日本でも世界と同じ武器はもう持っている、という感じです。

## ゲームという仮想空間はＡＩの壮大な実験場である

**石井**　三宅さんはこれから、ＡＩとどのように関わっていきたいと思っていますか？

**三宅**　僕は海外の洋ゲーで言うところの、自律型のより高度なＡＩを作りたいと思っています。勝手に判断して、勝手に動いてくれるＡＩですね。

でも日本だと、そういうＡＩよりは、見立てのＡＩというんでしょうか、少々馬鹿でもゲームっぽい動きをしたほうがいいよね、という感覚がある。馬鹿みたいにぐるぐる回っている敵でも、こいつは倒して欲しいんだな、とユーザーが認識して、見立ててくれる。
海外の場合はＡＩそのものの出来を楽しむという需要があります。ＡＩが人間らしく賢く動くということが、ゲームのひとつのウリになっているんです。だからＡＩにも予算が付けてもらえる。

**石井**　ゲームを遊ぶプレイヤーがＡＩの出来を見てくれるというのは、日本ではあまり考えられないですね。

**三宅**　海外ではそこを見てくれるんですよ。だからＡＩのエンジニアという専門職ができたのも、海外のほうが圧倒的に早かったです。
２００８年くらいには、もうＡＩジニア、シニアＡＩジニアという名前がついていました。日本のゲーム会社でＡＩエンジニアと名乗る人は、まだ2~30人くらいしかいない。ＡＩだけのスペシャリストがいるゲーム会社は今でも数えるほどしかなくて、まだそこに投資がなされていないという状態にあります。

**石井**　これだけＡＩが注目されている時代なのに遅れているんですね。

**三宅**　昨今のＡＩブームで、ディープラーニングの部署はできるんです。でもそっちじゃなくて、ちゃんとゲームの中のＡＩをやるほうが先じゃないか、と思うんですけど。

**石井**　それはそうですね。ゲームの会社なんですから（笑）。

**三宅**　モバイルはデータがたくさんあるので、データ解析にＡＩを使うのはわかります。ソーシャルゲームの会社は、データアナリストという肩書きの人がチームの中に1人くらいはいます。

それに比べると、ゲーム内のＡＩのスペシャリストって、本当に少ない。

僕のやっていることは、要するに仮想空間に人造人間を作るというようなものなので、そこのノウハウには面白いことがいっぱい含まれているんですけどね。しかし同じようなことをやっている人が、日本には全然いなくて。

**石井**　もともと人工知能は、人間らしさのある生命のようなものを、人間自身の手で作りたい、という欲求から来ていたはずですよね。

しかし現実にロボットを作ろうとすると、ガワというか、身体そのものを作るのが技術的にとても難しい。外界の情報が処理しきれないという、フレーム問題も大きな壁になってくる。

それだったら、世界をまるごと仮想現実に作ってしまって、その中に自律的なＡＩを備えたものを作ったほうが、むしろ楽なんじゃないかと思うんですよ。ゲームみたいな環境の中に作ったほうが、人工生命にたどり着く近道なんじゃないかと。

**三宅**　まさにその通りなんですよ。だからゲーム会社でＡＩをやるというのは、すごくレアなチャンスなんです。

これが大学で同じようなことをやろうとすると、画面の中に、人間の代わりに箱のようなものが３つくらい置かれているものしか作れない。「これはいつの時代のゲームだよ」と言わざるを得ない感じになってしまうんですね。

今ならアンリアルエンジンはタダだし、アセットストアで１００ドルも使えば、それなりのマップと人間が手に入る。でもゲームを構築するノウハウがないと、そこで力尽きてしまう。しかしこれが

ゲームメーカーであれば、そこにメーカーオリジナルの世界があるし、撮ったモーションキャプチャーも山のようにある。

要するに、仮想空間で人造人間を作る研究ができるのは、ゲーム業界しかないんですよ。リアルタイムかつインタラクティブで、身体を持っているＡＩを、物理的な制約なしに研究できる。

だから実は、意思決定の分野では、今はゲームＡＩが一番進んでいます。アカデミックより進んでいるくらい。それなのにその面白さには、なかなか気づいてもらえないですよね。

**石井**　僕は技術者ではないしＡＩの専門家でもないですけど、ＳＦ好きの厨二病的な妄想とか、ラノベ脳とか、そういう観点から、自然にそこにたどりつきますけどね。仮想空間を考えたら、そこに人間と同じようなＡＩを作りたいという方向に進みます。

**三宅**　ぜんじさんがそこに気づかれているというのは、すごく慧眼だなと思います。実際には、なかなかこういうことに気づいてもらえないんですよね。

だから僕が一般の方に、いえ自分でＡＩを研究していると言っている人にさえ「ＡＩを研究しています」と言うと、「ディープラーニングですか？」と聞かれるわけです。「ディープラーニングは入っていない」と言うと、「そんなのはＡＩじゃないですよ」と言われたりするわけです。

**石井**　実際に「ディープラーニングだけがＡＩだ」と書いている書籍もありますからね。しかし大元の意味を考えると、ゲームの中のＡＩが、みんなのイメージするＡＩに近いはずだと思います。

**三宅**　ゲームというのは、巨大なＡＩの実験場として、ものすごい価値があるんですよ。それがようやく、一部で理解され始めたところです。

最近はいろいろなところから講演に呼ばれるようになってきています。仮想空間で知能を作ることに関して、さまざまな技術や哲学、サイエンスがありますが、そのノウハウは、実はゲーム業界発祥のものなんです。だからそれを世間で共有するという意味で、講演に呼ばれるんだと思います。

普通のＡＩの講演はデータのグラフが出てくるだけですけど、僕らはキャラクターをドンと置ける、そして動かせる。その点ではわかりやすいですよ。子供にもウケがいいですし。

**石井**　昔は小説の中で別世界を描くことしかできなかったんですが、今はゲーム機で、よりリアルな仮想空間を体験できます。またネット小説でＶＲＭＭＯという未来のゲームを題材にしたものが出てきていますが、これは昔では考えられなかったことですね。

**三宅**　以前『ソードアート・オンライン』の作者の川原礫さんに、ゲームＡＩの説明をしたことがあります。そのときに「こんなふうにキャラクターを動かしているんだ」と感心されました。

いやあなたのほうこそ、小説にいっぱい書いているじゃないですかと（笑）。一流の小説家の直観の鋭さと正確さには驚かされます。

**石井**　ゲームの中の人間らしいＡＩ、というイメージは、昔よりも今のほうが想像しやすいはずですよね。

**三宅**　本来みんなが思っているＡＩというのは、そういうものだと思うんですよ。身体があって、それを取り巻く環境があって、その中で動いている。そこにＡＩの本質的な問題、生命とは何か、知能とは何か、という問題が含まれています。それが最高に面白いんですよ。デジタルゲームのＡＩの中に、本質的なＡＩ研究の場があるんです。

**石井**　現在オープンワールドのゲームを作るということは、仮想空間を作ることと同義です。これは歴史的に見ても、革新的なことだと思うんですよ。１００年、２００年先の未来から見たら、21世紀にゲームという仮想空間が作られ始めたということが、時代の大きなターニングポイントだった、と認識されるようになるかもしれません。

そんな素晴らしい想像の世界を実現するために、ゲームＡＩは欠かせないものだと思います。これは冗談ではなく、人類の未来の可能性のために、これからもゲームＡＩの研究を見ていきたいですね。

（インタビュー収録：２０１８年10月）

## その後の三宅さん

2020年から立教大学大学院・人工知能科学研究科の特任教授に就任して、講義と研究指導をはじめています。

ゲーム産業とアカデミックは、製作を第一とする現場と、知の保存と前進を主とする知の砦と、両極にありますが、逆に大きな相乗効果があります。特にゲーム産業は知の保存と基本的な事項の研究が弱いために、アカデミックな力との協調が必要です。両者の緊張感を維持しつつ、相互に成果を蓄積し、大きな成果へ結んでいきたいと考えています。よろしくお願いいたします。

（三宅陽一郎）

# 西尾明

AKIRA NISHIO

“最近は将棋ソフトがあまりに強くなってしまっていて、その感覚を吸収するのがかなり厳しいですね。しかしコンピューターがいくら強くても、結局のところ、われわれ棋士の主戦場は人間同士の戦いなんです。”

ディープラーニングという手法が発展させた近年のＡＩは、さまざまな分野で大きなインパクトを残した。ディープマインド社の開発したアルファ碁という囲碁のＡＩが、世界のトッププロに完勝したこともそのひとつである。ＡＩが人間の知能に迫ってきたことを、多くの人々に印象付ける出来事だった。

囲碁と同様に将棋の世界でも、将棋ソフトの急速な発展が話題になっている。日本のトップに君臨する将棋ソフトは、２０２０年現在、人間の棋力をはるかに超える領域に至っている。

現在の、日本トップレベルの将棋ソフトの多くは、ディープラーニングという手法をとっていない。人工知能には、ディープラーニング以外はＡＩと認めないという、狭い定義もある。しかし機能面を見たとき、進化した将棋ソフトはアルファゼロなどの、ディープラーニングを使った将棋のＡＩと同じレベルにある。進化した将棋ソフト全般をＡＩと呼んでも、それほど不都合はないと筆者は考える。

今回のインタビューでは、将棋のプロ棋士である、西尾明氏に将棋のＡＩについてお話を伺った。将棋のＡＩが著しく進歩し、人間の棋力を上回ったのはここ10年内のことである。その間に将棋界は大きな変化に見舞われ、激動の時期であったように思う。

しかし将棋のＡＩが限りなく強くなっても、プロ棋士は人間として、対局する相手に勝ち続けていかなければならない。その原則は、江戸時代の昔から変わっていないのである。

進化した将棋のＡＩは、プロ棋士の戦いにどのような変化を与えたのだろうか。将棋のＡＩと、対戦プレイヤーとしてのプロ棋士との関係は、ＡＩ時代の最先端の状況を端的に示していると思う。このインタビューを通じて多くの人に、新しい〝ＡＩと人間との付き合い方〟を感じてもらえればと思う。

【付記】このインタビューは、２０１８年12月13日に、東京千駄ヶ谷にある将棋会館の一室で行われた。折しも第31期竜王戦第６局の２日目が行われた当日であり、その前の週にはディープマインド社の将棋ＡＩ、アルファゼロの棋譜が公開されていた。現代の将棋界は変化が非常に速いので、将棋に詳しい方は、インタビューの日付を意識されるといいと思う。ちなみにこの原稿を書いている２０２０年５月の段階では、角換わり戦法の流行はおさまりつつあり、矢倉戦法が再び見直されてきている。

将棋とビデオゲームは、ゲームという広い枠で見れば同じ領域に含まれる。また将棋は対戦ゲームであり、将棋ソフトはボードゲームとしての将棋をモニター上に再現したものである。そのため、限りなくビデオゲームに近い性質を持っていると筆者は考える。

対戦ゲームを真剣にプレイしたことのあるゲーマーならば、将棋のプロ棋士について共感できる部分があるだろう。そのような考えから、筆者はこのインタビューを企画した。将棋界にそれほど詳しくない人でも、一読してもらえれば幸いである。

## インターネットの普及→コンピューター将棋の登場という流れが現代将棋を大きく変えた

**石井**　最初に、僕が将棋を覚えた子供のころと、現在の将棋界の違いについてお聞きしたいと思います。今ではニコニコなどで、将棋の中継がたくさん行われています。

でも僕が子供の頃は、将棋は新聞の棋譜くらいしかありませんでした。中原先生と米長先生の対局の棋譜などを見ていましたが、レベルが違い過ぎてよく分からなかったですね。相矢倉でがっぷり組み合っているのはわかるんですが、その細かい意味はまったく理解できなかったです。それに比べると、最近はネットを通じて中継や動画や棋譜情報などで、大量の情報が集まってきています。

**西尾**　将棋界が大きく変わったのには二つの要因があって、ひとつはＡＩという、コンピューター将棋が出てきたこと、もうひとつはインターネットの普及です。

それまでは新聞や雑誌とか、そういったところでしか将棋の情報が得られなかった。しかし今はインターネットで検索すれば、例えば飛車の使い方の手筋と入力すると、こうやったらうまくいく、みたいなパターンがたくさん紹介されていたりします。

最近ではニコニコ生放送やＡｂｅｍａの将棋中継もありますし、将棋の強いＹｏｕＴｕｂｅｒが解説する動画を流してくれたりしています。情報に関しては、もう本当に困らない時代になりました。

情報に困らないので、アマチュアの方の強くなるスピードが、以前よりも速くなっています。羽生さんが強くなれる環境がそろってきたことを「インターネットによって高速道路が作られた」と表現したんですが、まさにそのとおりですね。

昔なら将棋を始めて1年で初段になったら才能があると言われましたが、今は始めて1年で初段くらいになる方がたくさんいるんですよ。

**石井** 昔と比べると、将棋を指す感覚、コツのようなものが分かりやすくなっていますね。棋譜もたくさん見られますし、中継ではプロ棋士の先生が詳しく説明してくれます。それに自分のような将棋が弱い人でも、ネットを介せば同じぐらいの人と対局できる環境が整っています。

**西尾** そうですね。こうすればうまくなれるという、明確なものが掴みやすくなっています。そんなに深く考えなくても繰り返し練習していける、そんな一連の流れがあります。

**石井** ビッグデータがそこら辺に落ちているような感じですね。

**西尾** 本当にそうですね。今はネット上を探せばもういつでも対戦ができますし。インターネットがない昔の時代だと、対戦相手を見つけるのもひと苦労でしたからね。将棋道場に行っても平日にはそんなに人がいなくて、大変だったんですけど。

**石井** それを考えるとＡＩが出てくるより前に、インターネットで棋譜を見たり、対局できる環境が整ったりした、というのが大きかったでしょうか。

**西尾** それはすごく大きな変化だったと思います。

**石井** 自分の話で恐縮ですが、インターネットのおかげで雑誌というメディアは厳しくなりました。

僕は１９８０年代に、ゲームセンターのビデオゲームでどれだけ高い点を出すかというのを全国で競っていたんです。あまり知られていないですが、当時は全国中に猛者がいて、お金にもならないのに、かなりの人数で競い合っていました。その時代の勝負というのは、情報の取得が大事なんですよね。自分だけ知っている攻略法があれば、全国で一位になれました。

それから僕は出版社に入って、ある意味ゲームの攻略法を売るような商売をしていたんです。しかしインターネットの時代になってくると、情報がいっぺんに拡散するので、商売にならなくなってしまったんですよ。僕はどちらかというと、実際にプレイするより攻略法を見つけることのほうが得意なんです。

ゲームの攻略法は将棋に例えれば定跡の研究のようなものだと思うのですが、見つけてもインターネットですぐに広まってしまうので、あまり意味がなくなってしまいました。

**西尾**　将棋も似たところがあると思います。昔の将棋の序盤戦術は、一部のプロ棋士が最先端の研究をしていて、なかなか表に出てきませんでした。でも今はコンピューターが使えるので、すぐに分析ができて、この手はどうだったか分かってしまうんです

**石井**　それはきついですよね。

**西尾**　それがまたニコ生とかＡｂｅｍａとかで放送されて、バーッと一気に拡散されてしまうので（笑）。大変な時代になりました。

## ２０１１年の時点で、もう将棋ソフトはプロレベルだった

**石井**　それでは将棋のＡＩについてお聞きしていきたいと思います。

将棋ソフトは古くからありましたが、プロと戦えるレベルになったのは最近のことだと思います。今ではプロ棋士が将棋ソフトで研究するのは当たり前の時代になっています。

西尾さんは、かなり早い時期から将棋ソフトに注目されていましたが、今に至るまでの流れを簡単に教えてください。

**西尾**　そうですね。プロの中では早いほうだと思います。ただ将棋ソフトは40年以上前から開発が始まっていて、私が本当に興味を持ったのは２０１１年あたりでした。だからまだ7年くらいで、昔からずっと追いかけていた、というわけではないんです。

**石井**　しかしその７年の間に、ずいぶん状況が変わりました。

**西尾**　7年前と比べると、ソフトの強さから、周りの環境から何から、すべてが変わってきていると思います。

**石井**　僕は80～90年代のゲームセンターで、将棋のビデオゲームをよくプレイしていました。当時は今に比べると、かなり弱かったですね。僕のような低級の指し手でも、対ＣＰＵ用の定跡を作ってしまえば楽勝でした。

**西尾**　まだ、プロレベルにはほど遠いものでしたね。弱点が明確にあったりしました。

**石井**　西尾さんが本格的に将棋ソフトに注目し始めた、２０１１年ごろはどんな状況だったのでしょうか。

**西尾**　その頃、ニコニコ生放送で将棋の公式放送が始まったんですよ。そのときにニコ生から「コンピューター将棋選手権の解説をしてくれないか」と言われ、行ったのが始まりです。それが２０１１

年5月のことですね。もうその時点で「これはずいぶん強いな」という感覚がありました。

**石井**　そのときはコンピューター同士の対戦ですよね。

**西尾**　そうですね。コンピューター同士ですけど、戦っている将棋を見ればプロなので、どれくらいの強さなのかというのが分かるんです。これだけ強いなら、自分の普段の将棋の研究に取り入れても面白いんじゃないか、と思ったのが最初ですね。

**石井**　２０１１年の時点で、プロが見ても気になるくらいの強さになっていたということですか。

**西尾**　その時点ですでにかなり強くて、実はプロレベルになっていたと思います。

## 3駒関係を機械学習に取り入れて将棋ソフトは強くなった

**石井**　将棋ソフトがここまで強くなったブレイクスルーは、どのあたりにあったんでしょうか。

**西尾**　将棋ソフトが強くなってきた大きな要因の一つに、３駒関係を特徴量として機械学習する手法があります。

ある局面において、王将と他の駒二つというように、幾何学的な三角形、三つの駒の関係に機械学習で点数を付けていっているんです。どういった学習を行うかで、各パラメータの点数がソフトによって違ってくるので、そこから出力される指し手は、ソフトによって変わってきます。

**石井**　将棋ソフトも囲碁のＡＩのように、自己対局で膨大にデータを作ることによって進歩したわけですか？

**西尾**　そうですね。ただ最初に将棋のソフトが強くなったのは、４万局のプロの棋譜を用いて機械学習をして、どれだけプロの指し手に近づけるかという試みからでした。

ただ人間を追い抜くレベルになってくると、やはり人間の棋譜が教師ではいけないということで、自己対戦で深く探索した結果を浅い探索にフィードバックするという、強化学習という手法が取られたんです。それを繰り返すことで、人間のいたレベルからどんどん上がっていったわけです。

**石井**　僕も３駒関係という言葉は聞いたことがあります。その考え方は、今の将棋ソフトでもベースになっていますか？

**西尾**　最近は少しまた違う手法や、ディープラーニングを使った将棋ソフトも出てきています。ただ人間の実力を大きく上回る要因になったのは、その３駒関係が大きく影響していますね。

## 単なる計算の速さだけではない、将棋ソフトの序盤の強さ

**石井**　今では何とも思われていないかもしれませんが、当時は将棋ソフトに棋士が負けていいものか、という感覚があったと思うんですよ。

人間はどうしても、知能を持っていることを特別だと思いますよね。例えばこれが陸上競技だったら、クルマのほうが人より速いのは当たり前で、比べることもないですけど。知能に関しては、今まであまりそういう経験がなかったわけなので。

**西尾**　当時はそういう議論がすごくありましたね。将棋界の中では、これはすごくショッキングな出

来事でした。知能に関していえば、まだ人間は地球上で一番優れた存在であるという意識が、どこかにあったんだと思います。

**内山（本誌編集者・スタンダーズ編集部）** ＡＩの登場をいまいましく思った棋士の方というのは、やっぱりおられたんでしょうか。

**西尾** 今はだいぶもう落ち着きましたが、当時はいましたね。ずっと将棋はプロ棋士が最強だ、ということでやってきたので、そうじゃないとなったときに……。

**石井** それはそうですよ。これはアイデンティティーの問題ですから。でも実際に強いのは事実ですからね。それはＡＩでも人間でも関係ない。理屈をつけてもＡＩが弱くなるわけではないですし。

**西尾** ＡＩの研究を止めることはできませんからね。

**石井** 西尾さんは、暗算が得意でしたよね。コンピューターの演算速度は人間よりはるかに優れているわけですが……。

**西尾** 私は暗算には自信があります。ただそれは、人間の知能という感じではないですよね。だから暗算でコンピューターに負けても仕方ないと思えます。しかし将棋のような複雑なタスクを要求されるゲームはより知性的で、知能的なものだと見なされていたと思うんです。そこでソフトに負けるという経験がこれまで人間にはなくて、大きなインパクトだったと思うんです。ネガティヴな反応も含めて。

**石井** 自分はビデオゲームを専門にしているんですが、コンピューターは60分の1秒のフレーム単位で認識するわけじゃないですか。その点で人間より明確に優れているので、人と比較しても意味がない、と思っていました。ただ将棋や囲碁のソフトが強くなってきて、特に序盤が強いとなると、これは単純な計算力じゃないなと。

**西尾**　そうですね。そういう計算機的な部分ではないところ、もっとふわっとした部分を、今まで人間が守ってきたわけです。しかし直線的な計算だけではない、フレキシブルな知性みたいなもの、そういった分野に、AIと呼ばれるものが入ってきているのかな、と思っています。

**石井**　昔は計算力に任せて無理やり解いている、という感じがあったんですけどね。

**西尾**　最近のAIは、融通がきくようになったというんでしょうか。今までは任せたものを、ちゃんと計算してくれる、というものでしたけど、今のAIはちょっと気が利くようになってきている、といった感じです。

## あたかも概念を理解しているかのように見える、AIの振る舞い

**石井**　タイムリーなことに、このインタビューの直前にディープマインド社が将棋の棋譜を公開しました。

**西尾**　アルファゼロと同じメソッドで作った将棋ソフトが、elmoという将棋ソフトに9割くらい勝つという話ですよね。あれだけのスペックを持っていると、強くなるスピードもすごく速いです。アルファゼロは、確か1秒間に6万局面ぐらいしか考えていないんですよね。それでも正確に指せてしまう。

**石井** それはディープラーニングだからでしょうか。局面を深く読んでいるというよりは、どうやって枝刈りをしているのかというのが気になります。ニューラルネットだと、何を考えているのかよく分からないという部分があるとは思うんですが。

**西尾** そういった、なんと言うんですかね、概念みたいなものが分かり始めているというのが、人間がAIを恐れる要因なのかもしれないですね。将棋に限らず、例えば画像認識とか音声認識でもそうですけど、最近AIを使うソフトがたくさん出てきています。そういうものは、今までとは全然違う、もともとの概念の基礎の部分から理解してできている、という気がします。

**石井** AIがアウトプットしたものを見た場合、あたかも概念を理解して判断しているように見えるということですか。

**西尾** そういうことですね。もちろん、ビッグデータが入力されたときに、学習する上で、どこに注目すればうまくいくのか、というところがしっかり分かっていて、ということでしょうが。

**石井** ディープラーニングで将棋のソフトを動かした場合、深く読まなくていいというのは、それだけ枝刈りをしているというわけですよね。そういう感覚的なものを、何かつかんでいるのかなと。

**西尾** そうですね。ただディープラーニングに限らず、最近の将棋ソフトは、枝刈りがきれいに行われているところが多いですね。たくさん読む中で、ここから先は読まなくていいという。最近の将棋ソフトは、もうかなり来るところまで来ているなと。

## AIの発展が、将棋の序盤戦術に新たな可能性の扉を開く

**石井**　僕は棋士ではないですが、ＡＩが強くなってきたときに、将棋に対する危機感があったんですよ。将棋という素晴らしいゲームが、ＡＩの進歩によってどうなってしまうのかという。しかし実際に将棋のＡＩが強くなってみると、むしろ将棋の可能性はここまであったのかと、逆に思った部分もあったんです。

**西尾**　そうですね。私もどちらかというと、そういうふうに思いました。

**石井**　ＡＩで分析した結果、囲碁もそうですけど、意外に序盤の戦術に人間の手が及んでいなかった、というのが驚きでしたね。

**西尾**　そうですね、やはり将棋もソフトによって、序盤の戦術に本当にすごい変革が起こりました。２０１１〜2年くらいからそれが始まって、そこから今6年くらいですけど、この間はプロ棋士が、序盤の新しい感覚を吸収している時期だったと思います。

**石井**　例えば昔の矢倉の全盛時代というのは、先手が矢倉で固めると基本的に崩せないから、後手も同じ矢倉に組むしかなくて、お互いに守りを固めてがっぷり四つで戦う、という感じでした。しかし最近は将棋ソフトで研究することによって、まったく状況が変わってきていますよね。

**西尾**　そうですね。最近はがっぷり四つで組み合うというよりは、動けるときには動くといった感じです。少しずつ攻めて相手を崩しながら、守備も少しずつ固めて、次の攻めの機会をうかがっている

という形が多いですね。臨機応変に、くるくる動くような感じの将棋が多いです。

**石井**　昔は王様を囲ってから攻める、というのがセオリーだったように思います。

**西尾**　お互い陣形をしっかり整えてから、さあ戦いましょう、という感じの対局が多かったですね。最近は、陣形が整う前に少しちょっかいを出して、相手を崩して、それで自分がいい態勢を築こう、という戦い方が多いですね。

**石井**　なんか薄い陣形のままごちゃごちゃ攻めているうちに、気づいたらなぜか自陣が固くなっていたりします。そのあたりが不思議でよく分からない（笑）。

**西尾**　戦いながら、少しずつ王様を固くしていく感じがあります。だから、本格的な戦いを起こすというよりも、何と言うんですか……少し動いて、ちょっとだけ先制パンチを入れて、相手の陣形にくさびを入れる。そこからまた駒組みを始める、という感じの戦い方が多いですね。

**石井**　将棋ソフトによる研究で、矢倉を組もうとしても、結構簡単に崩れてしまうようになったのは、僕にとってはわりと衝撃がありました。何で昔はこの矢倉の崩し方が見つからなかったんだろう、と思います。

**西尾**　人間の長い将棋の歴史の中で、あまり有力ではないと消されていた手筋を、コンピューターが有力だと推奨することがあります。それでまた新しい戦法が、クローズアップされたりするわけです。

**石井**　人間だとどうしても、いったんこの手に見込みがない、と思ってしまうと覆しづらいですね。見込みがないところを研究しても時間の無駄だ、と思ってしまいますから。これは将棋に限らず、どんな分野でもそうでしょうけど。

しかしコンピューターは高速で、何でも総当りしてある程度の結論を出してくれます。

**西尾**　コンピューターによって人間の研究範囲にならなかったところに手が届くようになると、そこに新しい形がたくさん落ちていることがわかるようになるんです。だから人間はコンピューターを教師として、いろいろ学習するようになりました。序盤の最初のほう、駒の配置や戦い方というものは、5年くらいかけて棋士がコンピューターで勉強してきました。今はようやく落ち着いた感じです。

## 将棋ソフト同士の対局で定跡が再検証される

**石井**　先ほどアルファゼロについての話が出ましたが、アルファゼロは、その対局を行った当時としては、すごく強かったと思うんですよ。

ただ棋譜の発表が遅れたせいで、その間に他の将棋ソフトも強くなりましたし、プロの将棋もどんどん変わっていきました。そのために、それほどの衝撃はなかったように思います。

**西尾**　実はアルファゼロが指した将棋を見てみると、序盤戦術にそれほど新しいものはないんですよ。アルファゼロは一切プロの棋譜を使わずに、最初から自己対戦で強くなっています。それなのに、今の人間の指している将棋と、序盤はそんなに変わらない。

**石井**　アルファゼロの棋譜でわりと話題になっていたのが、横歩取りの青野流が使われているという点ですね。

**西尾**　そうですね。でも実はアルファゼロではなくても、最近の将棋ソフトはみんな、青野流が好きなんですよ。青野流で高勝率を残しています。

**石井** 将棋ソフト同士の対局が、序盤の定跡の確認作業みたいになっていますね。青野流は、やっぱり有効な手段なのかな、というように。

**西尾** そうですね。だから今は、横歩取りというその戦法自体がプロの中では激減していますね。

**石井** 後手の横歩取り戦法が使われなくなったのは、つい最近の傾向ですよね。去年（2017年）はまだそれほどでもなかった気がするんですけど。

**西尾** かなり急速な変化ですね。ちょうど今竜王戦の第6局をやっていたんですが、羽生先生が最近あまり使われていない横歩取りを採用して……。

**石井** この竜王戦でまさか横歩取りとは、と思いました。

**西尾** コンピューターの影響で採用が減っている戦法というのがあるんですけど、横歩取りもそうですね。それを羽生先生がやったわけですが、もう対局は終わっていました。羽生先生は負けてしまっていましたね。

**石井** そうですか……。昨日の封じ手のあたりまでは、まだまだいい勝負かな、と思っていたんですけど。

**西尾** 最近はコンピューターを使って研究ができるので、あまり激しい内容の将棋を選ぶ人は少なくなってきている傾向がありますね。

**石井** 激しい内容だとわりと一直線の勝負になってしまうので、ミスが許されないというか、研究しているほうが有利ですからね。

**西尾**　そうですね。現在の傾向として、一直線の形にはならないように、より複雑な方向に持っていって、そこで勝負をしている人が多いような気がします

**石井**　やはりそうなんですか。特に横歩取りだと、強烈な手順というか、すごい手は出てくるんですが、それは事前の研究でほぼ定跡化しているのかな、と思います。幅広く広がってはいくんですが、一気に終盤に行くという印象があります。

**西尾**　そうですね。そういう点で、横歩取りはプロの中でだいぶ減っていますね。少し前まではプロの主流戦法のひとつだったんですけど……。

かつては矢倉と横歩取りがよく指されたんですが、今はプロの将棋ではほとんど見なくなっています。今は〝角換わり〟と〝相掛かり〟という戦法が主流になっていますね。これはコンピューターの影響による変化だと思います。

## 新たな秩序をAIが再構築し、序盤では差のつかない展開に

**石井**　将棋ソフトによっていったん可能性が広がった序盤戦術ですが、また収束に向かっているということなんですか？

**西尾**　今のＡＩが指す戦法は、以前よりも序中盤をシビアに見ていて、指す戦法の幅が狭くなってきています。アルファゼロの棋譜を見ても、結構同じような将棋が多いんですよ。

**石井**　人間の将棋とはまた違って、ＡＩだと確率的にこの戦法だと勝ちにくいというようになってい

るんでしょうか。

**西尾**　そうですね。指す戦法の幅が広かったのは、２０１２〜２０１４年ぐらいです。ソフトが強化学習という手法で、人間の棋譜を使わず、自己対戦で学習し始めたときに、爆発的に序盤の指し手が広がっていったんです。もう本当に何でもあり状態で、プロの目から見ても、まだこんな手があったのか、という感じでした。

そこからさらにコンピューターが強くなっていくと、コンピューター自身がまた秩序みたいなものを形作っていくんですね。それこそもう矢倉を指さなくなったりとか、横歩取りもあまり勝てないから採用しなくなったりとか。そういった感じでどんどんコンピューター自身が秩序を再構築していって、指す戦法の幅がまた狭くなってきたんですよ。

**石井**　結局ゲームというのは極めると狭くなって、正解が1個に近づいていく感じがありますからね。

**西尾**　今のコンピューター同士の将棋を見ると、一番初めのところは、もう本当に同じような感じになっています。ほとんど〝角換わり〟と〝相掛かり〟の二つの戦法に落ち着いていて、これは現在のプロ棋士の主流の戦法にもなっています

将棋ソフトが出てくる前は、初めの30〜40手くらいで良い態勢を作り、主導権を握って相手を倒しに行く、というところがあったんです。しかし最近は序盤戦術が整備されてきて、そこではもう差がつきづらくなっています。

## 藤井七段は、高水準の手を指し続けることができる能力が高い

**西尾**　序盤の研究手順から外れると、そこから先はすごく複雑な戦いになります。その結果、本当の自力、将棋の強さというもので勝敗が決まっているように思います。

昔から将棋は、本当に強い人は中盤や終盤が強い人だ、と言われていました。昔以上に、そういった時代になりつつあるのかなと。今は序盤でそれほど差がつかないので。

**石井**　でも、中盤が強いのと、終盤が強いのではまた微妙に違いますよね。詰め将棋が得意だとしても、それが中盤で強いこととはあまり関係ないように思いますし。

**西尾**　今は、序盤に関しては知識が大事で、中盤では構想が重要ですね。どのように進めていくのか、いい方針を取れるかどうかという、そういった能力です。終盤だと、最後相手の王様を捕まえるまでの計算能力のようなものが反映されます。

全体的に見れば、いろいろな能力が求められますね。今は序盤、中盤、終盤において高水準をキープしないと、将棋界では生き残れないという感じです。

**石井**　やっぱり、全部バランスよく高水準でないといけないんですね。それだけ研究が進んでシビアになったということでしょうか。

**西尾**　そうですね。どこかが抜け落ちてしまっていると、例えばいくら中盤、終盤が強くても、序盤で相手に主導権握られてしまうと勝率は上がってこないです。

羽生先生のプロになりたてのときの将棋を今の目で見ると、結構荒いんですよね。特に序盤や中盤の入り口が。

**石井** その話はよく聞きますね。実際に自分が羽生先生の棋譜を検討したわけではないですが。

**西尾** 羽生先生は中盤や終盤でものすごい才能を発揮して、強烈な強さで逆転して勝っていた、という部分がありました。でも現在、例えば藤井聡太くんのような場合は……。

**石井** 藤井先生の棋譜はほぼ全部チェックしていますよ。西尾先生が解説していた中継も見ました。その後に西尾先生と藤井先生が対局した順位戦の対局も見ています。

**西尾** 本当ですか。ありがとうございます。彼は本当にもう、全てが高水準で隙がないので。

**石井** やばいですね。序盤も隙がないですし、結構、受けが強いですよね。

**西尾** そうですね。受け将棋ですね。

**石井** ちょっと、微妙に不利かなと思っても、あまり差がつかずにずっと受けているうちに、なぜか優勢になってしまうことがあります。

**西尾** 中盤からのたくさん変化がある中で、何というか、そこを乗り切る力というのが藤井さんはすごく高いですね。人間はコンピューターのように、常に最善手を指せるわけではないので……。

今棋士に求められているのは、一番いい手を指すことではなくて、高水準の手を指し続けるという能力です。そちらのほうがはるかに大事ですね。

## 強くなりすぎた将棋ソフトをどう見るか

**西尾**　将棋ソフトが強くなるにつれ、ソフト自身も大局観というか、その感覚が変わってきました。人間はソフトが強くなる過程にぶら下がって、その感覚を吸収しようとやってきたんですが……。

**石井**　ソフトにつられて人間の感覚も変わってきたと。

**西尾**　そうですね。ただ最近はソフトがあまりに強くなってしまっていて、その感覚を吸収するのがかなり厳しいですね。人間の目ではまだ難しいと思っていても、コンピューターでプラス1000点の差がつく形勢も出てきています。

**内山**　ちょっと先に行かれちゃっているという感じですか。

**西尾**　それはなぜなのかと分析したときに、例えば50手後の局面が優勢だから、コンピューターはプラス1000点と判断しているんですよ。コンピューターにそう言われても、人間が判断するには、そこに至るまでの過程がたくさんあり過ぎるので。

**石井**　読まなきゃいけない局面が多過ぎたり、ソフトの判断に比べてクロック的に追いつけない部分が出てきたりしてしまうと、人間としては、どこで勝負したらいいのか、ということになりますよね。

人間どうしの対局では、常にソフトの最善手を指し続けられるわけではないので。

**西尾**　プロ棋士は、人間の目というものをすごく意識しています。コンピューターはプラス300点と言っていても、実際にその手を選んで勝つまでには、すごく道のりがかかるわけですよ。

だから人間が実際にこういう局面を迎えたときに、どう考えるか、という視点はとても大事ですね。

**石井** 僕は将棋ソフトの評価値が出るニコニコ生放送の中継をよく観るんですが、やっぱり危険な筋というのはありますね。

ソフトの最善手を指し続けられれば勝てるんだろうなと思っても、一手間違えると絶対に逆転するな、という局面があります。

**西尾** そうですね。特に最近の将棋ソフトはすごく強いので、プラス800点とか1000点とか言っても、人間の目から見たらまだまだ難しい、という局面が最近は増えてきています。

以前のコンピューター将棋だと、まだ人間の感覚に近いところ、共有できる部分があって、プラス1000と言われたら人間の目で見ても、納得できたんですよ。しかし最近は、プラス1000と言われてもなんかまだ難しそうに見えるな、というところがあって。

**石井** 将棋ソフト同士の対局でも、評価値に差が出てから逆転することはあるんですか？

**西尾** ソフト同士で戦わせてみると、やっぱり逆転負けをすることがあります。さすがにプラス1000の局面ではかなり高勝率になりますが、ごく稀に逆転することがあります。結局、今のコンピューターがいくら考えても、将棋の完全な正解には届かないんですよ。

人間だと10手先、20手先を読むのがかなり難しいですが、コンピューター同士だと、直線の局面は50手先を読んだりするわけです。50手先の局面での争いは、人間の感覚とはかなり離れてしまっています。それでもコンピューター同士はその辺で争って、そこで勝敗がついていています。

**石井** コンピューターがそういう次元に行ってしまっていても、プロ棋士は人間として勝負しなきゃいけないわけですよね。それなのに、事前にソフトで研究もしているわけで。そのあたりがＡＩと人間の新たな関係を象徴しているようで、とても興味深いです。

## 人間同士の勝負で争点になるポイントとは？

**西尾**　コンピューターがいくら強くても、結局のところ、われわれの主戦場は人間同士の戦いなんです。そこでどう戦うのかは、棋士それぞれみんなが考えているところです。

今は〝角換わり〟や〝相掛かり〟という戦法がクローズアップされているんですが、それには理由があります。この二つの戦法は、コンピューターの目から見ると、先手と後手の評価値がかなり接近しているんです。

後手番でも十分戦えて、しかもある程度深く研究できる。それで人気があるんです。

ただ最近は、全然違った戦い方をする人も増えてきていますね。自分が知っていて相手が知らない分野に引き込んで戦ったほうが、人間の勝敗という目で見れば勝てる、と考える人もいるわけです。評価値が２００とか３００くらいの差は、人間の目から見たら大きな差ではないので。

**石井**　評価値の２００や３００といった差は、コンピューター同士だったら大差なのかもしれないですが、人間だったらそれほど関係ないでしょうね。場合によっては紛れの余地のある勝負に持ち込んだほうがいいかもしれませんし。

**西尾**　実は評価値の２００〜３００くらいの差は、コンピューター同士の戦いでも逆転するんですよ。

勝率で言えば、プラス300のほうが6〜7割ぐらい勝つ、というのはあるかもしれませんが。

私の場合、事前にしっかり研究してあって、自分がプラス200とか300ぐらいの形勢だと分かったとしても、そのちょっとした差を勝利に結び付けるというのは、かなり大変です。プロ同士の将棋を見ても、やはり逆転はしょっちゅう起きていますし。

**石井** 人間の勝負として考えたときには、いろいろな戦い方があるということですね。

**西尾** 例えば指す戦法の幅を広くして、オールラウンダーとして戦おうという人がいます。棋士が対局するときには、相手の最近の棋譜を全部研究していくわけですよ。そうすると、いつも同じような戦法をしている人は、そこをコンピューターで詳しく研究して、狙い打たれちゃうわけですよね。

**石井**　そういった話は最近よく聞きます。

**西尾**　そうなると勝率が上がってこない。だから深く研究するよりも、いろいろな戦法を使いこなせるようにして、オールラウンダーとして相手に研究の狙い球を絞らせない、というやり方をする人もいるんです。

**石井**　プロ棋士というのは、勝敗が生活に直結する世界ですよね。そういう厳しい中で、将棋がいろいろな考え方のもとに勝負が成り立っているというのは素晴らしいなと思います。

**西尾**　コンピューターに支配されるというか、評価値だけをずっと追い求めるのではなくて、人間らしく戦う、ということですね。

人間同士が戦う中で、いかに評価値を勝負に結び付けていくか……みんながそれぞれ考えて、そのテーマに対して自分のスタイルを確立していくというほうが、確かに健全だという感じはします。

## いかに相手を自分のテリトリーに引き込むかという戦い

**西尾**　今のタイトル保持者に二つタイトルを持っている豊島さんがいますが、豊島さんはコンピューターの評価値をかなり追い求めた戦い方をしています。狭く、深く研究して臨んでいるタイプです。本当に最先端の研究という感じがします。

**石井**　やっぱり豊島二冠はそういうタイプなんですね。

**西尾**　豊島二冠はそうですね。でも例えば前王位の菅井さんは、あまり評価値に関係なく指している感じはしますね。評価値が200~300くらい差がついても、そこから普通に勝っていますからね。
今の将棋連盟の会長、佐藤康光さんはもう本当に剛腕で、コンピューターが評価する序盤戦術は全然取っていなかったりします。

**石井** 僕が若い頃は、佐藤会長は本当に正統派の棋士という印象だったんですが……。

**西尾** でもいろいろな形を指されるので、相手も狙い球が絞れないわけですよ、事前の研究で。何をされるか分からない。

**石井** でもそれは、地力がないとできないですよね。

**西尾** もちろん。地力がないと未知の形は乗り切れないので。だから、最近はやっぱりそういうところですよね。序盤の知識も必要なときが多いんですけど、棋士としての地力が問われています。

**石井** 結局、相手も同じようにコンピューターで研究して来ますからね。その点はお互いに五分五分なので。

**西尾** いま棋士のあいだで言われているのは、いかに自分のテリトリーに引き込むかという、主導権争いです。評価値の点数だけではなくて、自分の戦いたい戦法の分野で戦えるかというところです。
自分の経験値が多い局面に相手を引っ張り込んで、相手がそこの経験値が低ければ非常に勝ちやすい、ということですね。

**石井** 自分だけが深く研究していて、相手が研究していない局面だったら、それは間違いなく有利ですよね。それに地力がある人であれば、お互いが分からないような局面になれば強いでしょうし。

**西尾** そうですね。だいたい四つに分かれるんですよ。自分が知っていて、相手も知っているところで戦うのか、自分だけが知っていて、相手が知らない局面で戦うのか、お互いに知らないところに行って、けん制し合って戦うのか。相手だけが知っていて、自分は知らないっていう局面が一番負けやすいですね。

**石井**　それは確かにそうですね。これまでの話を聞いたところでは、将棋ソフトが強くなって、むしろ人間同士の駆け引きが大事になってきているように思います。

## ソフトが低く評価してきた振り飛車に、復活の傾向がある

**西尾**　コンピューターがあまりいい評価を下してなかったとしても、例えば四間飛車とか、そういったところであえて勝負する人もいます。コンピューター将棋が強くなってきたとき、振り飛車は激減したんですけど……。

**石井**　ライトノベルの『りゅうおうのおしごと！』で、振り飛車を取り上げたエピソードがありましたね。「振り飛車は、自分から不利になるから不利飛車」だと。ひどい言い方だなと思って（笑）。

**西尾**　コンピューター将棋では振り飛車の評価が低かったので、採用する棋士が一時期激減しました。しかし最近のソフトは、実は以前ほど振り飛車をそこまで悪く評価しないんですよ。だから最近は、プロ棋士の中で振り飛車が少し復活する傾向があります。

**石井**　以前から、ソフトが言うほど不利じゃないだろう、とは思っていました。本当にプロの間でも、振り飛車が指され始めてきているんですか？

**西尾**　ええ。指す人は以前より増えてきていますね。

**石井**　振り飛車にされると、たとえ先手番であっても対応しなければいけないじゃないですか。素人考えですけど、これは主導権を取り返しているようなものなので、可能性があるんじゃないかと。

**西尾**　先ほどオールラウンドプレイヤーがいるという話をしたんですけれども、その中に振り飛車を使う人がいます。普段は居飛車を指しているのに、急に相手を裏切るかのように振り飛車にして戦うわけです。それで十分に戦える、と判断を下している人がわりと多いんですよ。

**石井**　振り飛車は不利だから、といってやらなくなっていくと、どんどん今のコンピューター将棋のように戦型の幅が狭くなっていきますよね。

狭くなればよほど研究で圧倒していないと、逆に相手の研究にハマってしまう。それくらいなら作戦の幅が広いほうがいいと。

## ソフトの評価値が〝観る将〟に与えた影響

**石井**　最近の将棋の中継では、将棋ソフトの評価値が出るようになってきています。それに対してはどのように思われますか？

**西尾**　今は評価値を出す「ニコ生」と、出さない「Ａｂｅｍａ」という形で、住み分けができているように思います。

ただ、われわれプロ棋士としては、最近は評価値という数字で、はっきりと形勢が出てしまうので、厳しいなと思うこともあります。例えばプラス１０００とかから逆転負けをしたりすると、さも、ものすごい大逆転負けを期したかのようにコメント欄で流れるんですよね（笑）。

**石井**　そうですよね。棋士にとっては大変な時代ですよね。

**西尾**　最近のソフトはすごく点数の差が出やすいんですよ。以前にコンピューターが示していた数値よりも、もっと高い数値を出したりします。

**石井**　視聴者はソフトの評価値が数字で出てくると、なんとなくわかった気分になるんですよね。これはいいことでもあるとは思うんですけど、自分が上手くなったような錯覚も起こします。棋士が悪手を指すと、「ひどい手を指したな」と、つい言いたくなってしまうところがあって。

**内山**　素人の視聴者としては、ついそう思ってしまいますね。

**西尾**　プロの目から見ると、まだ大した差がついてないところでも、ソフトの評価値はプラス1000と出てしまいます。そこから逆転負けをしたとしても、普通にこれぐらいの逆転はあるだろう、という感じなんですけどね。

**石井**　確かに、実際にはよくあることだとは思うんですけど。

**西尾**　ただ視聴者の方からすると、すごい大逆転負けを喫したように見えて、「あいつは大丈夫か？」という言われ方をすることがあります。

でもそれは、コンピューターが進化したからなんですよ。昔のソフトのプラス1000と、今のソフトのプラス1000というのはだいぶ違うので。

**石井**　大変な時代になってきましたね。ゲームの話で恐縮ですが、対戦格闘ゲームでも近年は動画勢というのが出てきていて、実際にプレイしなくても、動画を見ているだけで強くなった気分になったりすることがあります。

**西尾**　どの世界でも同じようになってきているんではないでしょうか。例えば何年か前のチェスの世界戦のＴｗｉｔｔｅｒを見ていたら、チャンピオンが悪手を指したときに「今日のアイツはどうなってるんだ」「これはひどい」とか、たくさん出てくるんですよ（笑）。

**石井**　「じゃあおまえが代わりに指してみろ」と言いたくなる（笑）。

**西尾**　それに怒ったグランドマスターというトップレベルの人が、「世界戦はすごいプレッシャーの中で戦っているんだから、そんな生易しいもんじゃないんだ」とツイートしたりしていて。どの世界も同じなんだな、と思います。

**内山**　でも素人が語ることができるようになったというのは、悪い点ばかりではないと思うんですよ。

**石井**　素人や初心者が、将棋に入りやすくなっているとは思いますね。昔の新聞で棋譜を見ていた時代は、どんな駆け引きが行われているのか、全然わからなかったですから。

これは将棋界の発展のためには、プラスになる部分だと思うんです。

**西尾**　そうですね。やっぱり点数として視覚化されるのは、よく将棋を知らない人からすれば分かりやすいですよね。見る分には。今どちらが優勢なのか、その指標がはっきり出てくるので。

**石井**　将棋のＡＩが今やプロ棋士の研究に欠かせないものになっているのと同じで、評価値の使い方も同じなんだと思います。なくせるものではないので、観戦する〝観る将〟としても、評価値とうまく付き合っていければいいのかなと。

## 将棋の研究と切り離せない、コンピューターの性能

**西尾**　私はＩｎｔｅｌの７９８０ＸＥという、18コアのＣＰＵを使っていますけど、実はコンピュータ―の好きな私だけが、そういうものを使っているというわけではないんです。今までコンピューターとは無縁で来た棋士が、わりといいパソコンを買ったりしています。

**石井**　それはそうだと思いますよ。だって勝負の世界ですから。プロ棋士は少しでも、一歩でも相手に対して有利を築かないといけないので。

**内山**　やっぱり処理の速さで変わりますか？

**西尾**　読むスピードが速いと、かなり違いますね。例えば普通のコンピューターで1分読ませて結論が出るところが、10秒や20秒で済むとなると、研究の進み具合がだいぶ変わってきます。

**石井**　研究の効率は大事ですからね。人間はソフトと違って、一日に集中して研究に使える時間は限られているので。

**西尾**　あとは正確性ですね。例えば、数千万局面ぐらいしかコンピューターが読んでいなかったら、そんなに良くない手を示すことがあるんですよ。探索をいかに深く読ませるかというのは、結構大事なポイントです。

普通の市販のパソコンで、コンピューター同士一手10秒で対局させると、結構悪手が多く出ます。やっぱり深く、それこそ直線で50手読ませるぐらいのところまで到達させないと。

**内山**　高いスペックのＰＣが必須になるというのも大変ですね。

**西尾**　最近私が考えているのは、パソコンをクラウドでレンタルして、研究に使うようなことができないかということです。ソフトの開発者の方は、お金を出してそういう形で使っているので。

**内山**　ＡＷＳみたいなやつですか。

**西尾**　ＡＷＳです。棋士もいずれ、そういう時代になるかもしれないですね。対局で研究時間がそこまで取れなかったりするときは、そういうのもありかなと。1日使うくらいなら、そこまで高くないので。

**石井**　将棋の棋士も、そういうことを真剣に考える時代になってきているんですね。

## ＰＣメーカーがスポンサーにつき、チームを組んで戦う時代が来るかもしれない

**西尾**　この間ニコ生に出たとき、藤井聡太さんが、ＡＭＤのＣＰＵを使って研究していると言ったことがあります。そうしたら早速、ＴｗｉｔｔｅｒでＡＭＤの本社の社長が反応していました。棋士はこれから、そういったところと切り離せない感じになってくると思います。

**石井**　僕もそのＴｗｉｔｔｅｒは見ました。いい宣伝になりますからね。企業としては、そこに注目しないはずはないでしょう。

**西尾**　先ほどチェスの話をしましたが、チェスの世界では、トッププレイヤーが、アップデートされたソフトの権利を、特定の期間完全に独占する、ということがあるんですよ。

**石井**　それはすごいですね。ｅスポーツの世界でも、今はＰＣメーカーとタイアップすることがあります。今後将棋でも、同じことがあるかもしれませんね。

**西尾**　そうですね。チェスの世界だとマイクロソフトがスポンサーについたり、大統領がスーパーコンピューターの使用許可をプレイヤーに出したりするんです。国同士の戦いになっていて、そこまで行くと凄いなと。

**石井**　突き詰めるとどんな競技でも、チーム戦の色が出てきますね。将棋でも研究会がありますが……。

**西尾**　でもやはり、将棋は個人色がかなり強いと思いますね。チェスの場合は、チームを組むのが当たり前ですから。トップクラスの人がトレーナーを付けて、４～５人でチームを組んでいたりします。

チェスのカスパロフは、実際の研究をするトレーナーとは別に、食事や栄養のトレーナーを付けていたらしいです。

**石井** それこそメンタルトレーナーまで入ってきたり……。

**内山** そこまで行くと、スポーツのアスリートみたいになっていますね。

**石井** 未来の将棋は世界的なＰＣメーカーがスポンサーにつき、最新の量子コンピューターで研究し、いろんなトレーナーがついたチーム同士が戦うことになるかもしれませんね。その日は意外に近いところにあるのかもしれません。

## AIの進歩によって制約が取り除かれ、人間の個性が解放される

**石井** 本日は急速に発展する将棋のＡＩと、プロ棋士の戦いについてお聞きしてきたのですが、非常に興味深いお話が聞けました。将棋のＡＩが発展して将棋の戦法は大きく変わりましたが、それでも人間同士の戦いという側面が大きいんだなと。人それぞれ違う戦い方があるというところが面白かったです。

**西尾** 昔は羽生さんがこの手を指したからこれが有力だ、というように、トッププロを教師にしていました。今は将棋ソフトが強くなったので、みんな自分が好きなように研究しています。練習方法やメンタル面もそうですし、自分のスタイルに合わせて取り込んでいるように思います。

**石井** ＡＩを、自分の棋風や個性に合わせてどう取り込むか、という感じでしょうか。

**西尾**　そうですね。もう本当に何でも、自分が好きにやっていいんだよと。将棋ソフトが強くなりすぎた一方で、人間同士の勝負としては、またちょっと別のアプローチが有効だったりするので。

**石井**　ＡＩの進歩が、結果的に人間らしさを際立たせるようになっているんですね。それは意外な展開というか、とても興味深いところです。本日はありがとうございました。

## 余談〜西尾七段とゲーセンの対戦格闘ゲーム

将棋ＡＩ関連の内容ではないですが、インタビュー中に対戦格闘ゲームの話題が出たので余談として載せておきます。プロ棋士にゲーム好きが多いのは知られていますが、西尾先生が対戦格闘ゲームに興味をもたれていたというのは初耳でした。

**石井**　以前将棋の中継で、どちらが優勢か、画面の上のほうにバーの表示で表したのを見たことがあります。その表示を見て、まるで対戦格闘ゲームみたいだな、と思いました。

**西尾**　実は私もゲームがすごく好きで、以前対戦格闘ゲームの大貫さん、ヌキさんとニコ生で一緒に出たことがあったんです。そのときはすごくうれしかったんですよ。

**石井**　対戦格闘ゲームを遊んでいらっしゃったんですか。それをもっと早く言ってください（笑）。僕は対戦格闘の『ストリートファイターⅡ』がすごくブームになったときに『ゲーメスト』というゲーム雑誌で攻略記事を書いていました。

**西尾**　そうなんですか。私は『ストリートファイターⅢサードストライク』（1999年・カプコン、以下『ストⅢサード』）が好きで、よくやりましたね。

**石井**　ブロッキングがあるやつですね。

**西尾**　そうですね。私もブロッキングをよく練習しましたよ。『ストⅢサード』は、将棋にけっこう似ているな、と思ったんですよね。

**石井**　どんなところが似ていると思いましたか？

**西尾**　まず1対1で戦うところ、次に読み合いがすごくあるところですね。相手にすべての技がブロッキングで拾われたときの、あの何というか、どうしようもない怒りというか（笑）。完全に相手の手の内だったみたいなところが。

**石井**　ブロッキングはレバーを前に入れないといけないので、リスキーだと思うんですよね。人間には防衛本能があるので、素人だとなかなか思い切ってできない。でもそれが決まると、それが最高に面白いという。

**西尾**　そうですね。ブロッキングが決まるときの快感は、なかなか他にはないですよね。相手の動きを読み切った上で反撃するので。その部分が、将棋と似ていると思います。

**石井**　相手をはめたという感じでしょうか。

**西尾**　しっかり筋道を立てて読んだところに、相手が飛び込んできて、そこを捉えて優勢を築く。そしてそのまま勝ち切ったときの快感というところが、似ていると思います。

**石井**　西尾先生が『ストⅢサード』をプレイされていたというのは、ゲームマニアにとって素晴らしい情報です（笑）。

**西尾**　よくYouTubeで、ユリアン使いのRXさんや、ウメハラさんの動画を、すごいなと思って見ていました。

**石井**　僕は90年代に、全国大会を運営していたほうだったんですよ。ちょうど若いころの、ウメハラさんが出てきたころです。

**西尾**　〝闘劇〟でしたか、そういう名前の大会がありましたよね。

**石井**　僕がやっていたのはもっと古くて、闘劇の前身みたいなものですね。僕が編集長をしていた『ゲーメスト』という雑誌が主催して、対戦格闘ゲームの全国大会をやり始めました。そこから移った面々で、闘劇が始まったんです。

**西尾**　それだけ大きい大会には行ったことはないんですが、よく大きなゲーセンでやっている大会は見に行きました。大会で対戦しているときに、観客から掛け声があって、それを受けて参加プレイヤーがコンボを決めていて……。

**石井**　ゲーセンではそういうのが盛り上がりますよね。

**西尾**　この人たちは、すごく青春を謳歌しているな、と思いながら見ていました。

**石井**　僕はもう50過ぎなので、ゲーセンでやりこんでいたプレイヤーとしては、その一世代前ですね。それで大学を中退して出版社に入ったんです。

**西尾**　私も大学は中退です。いろんなことをやり過ぎた、というのはあるかもしれないです。『ストⅢサード』をやっている暇があったら他のことをしろよと（笑）。でも『ストⅢサード』をやったときは、こんな面白いゲームが世の中にあるんだ、と思ったんですよ。

**石井**　もしそれを聞いたら、『ストⅢサード』を作った開発者も喜ぶんじゃないでしょうか。

（インタビュー収録：2018年12月）

**コンピュータは将棋をどう変えたか？**
コンピュータが将棋にどのような影響を与えてきたのかが西尾氏により徹底的に追求された300ページ超の大著。今回の記事で将棋とコンピュータの関係に興味を持った人はぜひチェック！　発売：マイナビ出版　1,987円（税込）

## その後の西尾さん

２０１９年６月より日本将棋連盟の理事になり、運営に入って多忙な日々を送ることに。メディア部担当理事として将棋連盟のネットコンテンツ全般を扱っているが、コンピュータ将棋の研究時間が以前より取れなくなっているのが悩みの種。

２０１８年に書いた「コンピュータは将棋をどう変えたか」は将棋ペンクラブ大賞技術部門優秀賞とコンピュータ将棋協会からはＣＳＡ著述賞を受賞し、予期せず多大な評価を頂いた。

プライベートでは息子が３歳になり、将棋のルールもわからないのにコンピュータ将棋にはかなり興味を示していて、将来が楽しみだと勝手に思っている。

（西尾明）

# あとがき

本書はインタビュー取材に応じていただいた、8人の協力によって成り立っている。それほど知名度が高いとは言えない『VE』関連の取材に快く付き合ってくださったことに、まず感謝の意を表したい。

まえがきにも書いた通り、本書のインタビュー記事は、ゲーム系電子書籍『VE』がベースになっている。『VE』を創刊するにあたって筆者が考えたのは、風呂敷を広げ、メジャー路線を行くのではなく、自分が興味を持った分野を着実にやっていくということである。しかしエンタメ関係の仕事においては、本来それは避けるべき方向性である。いかに一般に受け入れられるものを作るかという視点が、エンタメ関連では何よりも大事だからだ。

それでも自分の興味ある分野をやっていくと決めたのには、さまざまな理由がある。そのうちのひとつは、身の丈に合った仕事をしていくということ。そしてやはり「面白いと思ったものをやる」というところが、自分の原点だったからだろうと思う。シリーズものの読み物は、どこかに存在意義を定義しておかないと、なかなか続かないものである。

『VE』のテーマは、基本的に筆者がそのときに関心を持った分野となる。ここ数年、筆者の興味の赴くままに、各所でインタビュー取材を続けてきた。広く浅くではなく、狭く深く、丹念にゲームの周辺を掘り進めてきた。

その取材記事一つ一つを見れば、マニアックで偏った記事のように見える。しかし本書でそれらをまとめ、通して読んでみると、様々な角度からゲームというものを捉えた多角的な構成になったように思える。この発見は、筆者にとっても興味深いものだった。

今回取材してきた方々は、それぞれ経歴も違えば立場も違う。ゲームに対する捉え方や視点も異なり、皆さん確固たる独自の考え方を持っていると思う。

しかし彼らにも共通している点がある。それはゲームというものに対する熱意である。若い頃の話をお聞きすると、情熱が溢れ出すようなエピソードが随所に現れてくるのが面白かった。社会人になれば仕事には成果が求められ、冷静に物事を見るプロ意識が必要となる。しかしそれ以前に、有り余る情熱があってこそ、物事が成し遂げられるのだと思い知らされる。

ビデオゲームは若い産業である。少し時を遡れば、個人の情熱や創意工夫次第で、一世を風靡できる時代があった。当時のゲーム業界は、天才たちの溢れんばかりの情熱を、受け止めるだけの懐の深さを持っていたといえる。

現在のゲーム業界はマーケティング的な手法が徹底し、昔と比べれば個人の才能を発揮しにくくなったかもしれない。しかしそれでも、ゲームは日々変化し、様々な形を僕たちに見せてくれる。新たな時代を開こうとするゲーム界の若い人たちに、本書で取り上げた先人たちの意気込みが、少しでも伝われればと思う。

最後に、本書の制作に直接的に関わった、スタンダーズの編集の内山氏、佐藤氏、ライターの豊臣氏に感謝を述べて終わろうと思う。筆者の好きなように作った『ＶＥ』を支えてくれたのは彼らだからだ。『ＶＥ』なくして、本書は存在しえなかった。また機会があれば『ＶＥ』から、新たな価値のある書籍が生み出せればと思う。

（２０２０年5月　石井ぜんじ）

あとがき

石井ぜんじ「ゲームクリエイター」インタビュー集

# ゲームに人生を捧げた男たち

Men who dedicated their lives to GAME

2020年6月10日　第一刷発行

**著者** ･･････････ 石井ぜんじ
**装丁** ･･････････ ゴロー2000歳
**DTP** ･･････････ 北出正行

SPECIAL THANKS
豊臣和孝
松浦恵介

SNK
エンジンズ
ケムコ
でらゲー
日本将棋連盟
ハムスター
ミクシィ
（法人名は50音順）

**編集** ･･････････ 内山利栄
**発行人** ････････ 佐藤孔建

**印刷所**：株式会社シナノ
**発行・発売**：
スタンダーズ株式会社
〒160-0008　東京都新宿区四谷三栄町12-4 竹田ビル3F
営業部（TEL）03-6380-6132

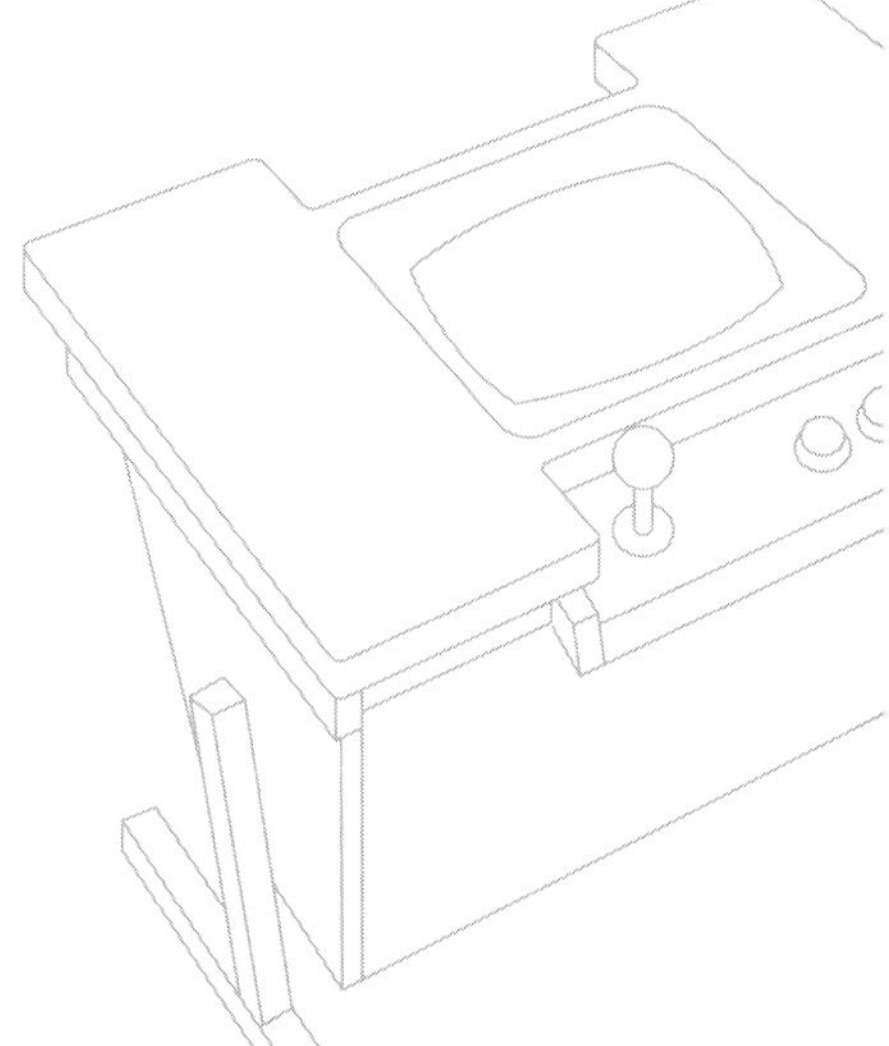